刘树荣 著

河北出版传媒集团
河北教育出版社

图书在版编目（CIP）数据

人生之旅 / 刘树荣著. -- 石家庄：河北教育出版社, 2024.7. -- ISBN 978-7-5545-8748-5
Ⅰ.B821-49
中国国家版本馆CIP数据核字第2024KF7754号

人生之旅

作　　者	刘树荣
责任编辑	赵　磊
美术编辑	于　越
出版发行	河北出版传媒集团
	河北教育出版社　http://www.hbep.com
	（石家庄市联盟路705号，050061）
印　　制	沈阳嘉侨彩色广告印刷有限公司
开　　本	880mm×1230mm　1/32
印　　张	5.75
字　　数	92千字
版　　次	2024年7月第1版
印　　次	2024年7月第1次印刷
书　　号	ISBN 978-7-5545-8748-5
定　　价	39.80元

版权所有，翻印必究

序

◎ 张圣洁

"五一"刚过,树荣便将他的《人生之旅》书稿送到我家里,我的欣喜之情简直难以言表!原因则是树荣一年一册,三年三部,文思泉涌,又呈佳作。2022年3月,树荣出了第一本《人生絮语》,以青年朋友为对象,谈及人生经常遇到的三十个现实问题,每个题目都充满了正能量,受到青年朋友的热烈追捧。2023年4月,《人生絮语》的姊妹篇《人生随想》问世,它将读者对象由青年扩展到所有国民,所列的二十二个题目涉及人生的方方面面,最终回答了"人为什么活着,究竟应该怎样生活"这灵魂的终极拷问。同样,该书又对社会产生了积极影响。现在,面前这部《人生之旅》书稿,读来只觉情致深浓,思想深邃,堪称是树荣思虑人生的结语力作。作为三部书稿的第一读者,我从心底叹服树荣井喷似的创作热情和生花妙笔!

细细读罢,我觉得树荣这第三部书稿有如下长处:

首先,论理透辟,哲思愈浓。

如果说《人生絮语》和《人生随想》侧重于现实生活中的就事说理谈情,兼及理论阐释,颇多辩证思维,那么,这部《人生之旅》谈及的十五个题目则开掘到人性的更深层次,无论是讲为人处世的情怀、气度、格局,还是论人生理想、目标、意义,都比前两部提升到更高层级的理论高度,述及更加鲜明的自然规律。比如谈到思维与认知的关系时,作者追根溯源,指出:"基本逻辑链条是思维决定认知,认知决定出路(实现目标的路径和方法),出路决定行为(方式、方法和举措),行为决定结局(成败得失)。"为此,他列举出几种常见的思维方式:感性思维与理性思维,点状思维与网状思维,惯常思维与超常思维,内向保守思维与外向开放思维。除详细论述了这四对八种思维的利弊得失之外,作者还指出:"事实上思维模式是多元的,可能有几十种之多。"总之,"思维认知决定人生走向和高度","思维越广泛、越多元、越缜密,就越接近客观事物的本质和制胜之道";因而必须"广泛涉猎多学科知识,改善思维结构",而"永不停顿地学习，是打开思维之锁和重构思维模式的金钥匙"。如此横向与纵向交叉论述，使读者认识到，"不可不进行更多模式的思维训练，以求不断提高思维判断能力"。

其次，旁征博引，文采斐然。

刘勰《文心雕龙》有云："志足而言文，情信而辞巧"，"乃含章之玉牒，秉文之金科矣"。也就是说，构思为文的金科玉律是必须保证义理精深和用词准确的统一，文辞奥妙和表达要义的统一。关于这一点，仅从树荣熟练运用修辞学里"引用"一法中，即可窥其端倪。

从上中学时起，树荣便嗜书如命。入伍后，他先后在解放军和武警部队三所院校学习，担任军师级政治部领导干部。从个人爱好和工作需要出发，树荣博览群书。举凡国学经典、诗词曲赋、领袖宏论、名人传记，乃至俚语民谣，古今中外，或精或粗，他无不涉猎。因此写起文章来，那些领袖箴言、圣人高论、文坛掌故、名人轶事、励志故事……他信手拈来，旁征博引，娓娓道来，真说得上是气象峥嵘、文采斐然。兹以《善于学习思考关乎生命内涵和质量》一节为例，树荣引用《论语》中开宗明义第一句"学而时习之，不亦说（通'悦'）乎"，并列举三国时期王素和南宋大儒朱熹《四书集注》中的解读,指出"习"字"除了有温习之义外,还有练习、实习之义,也就是实践,躬身践行所学之道之术"。接着又引用南宋大诗人陆游的诗句:"纸上得来终觉浅,绝知此事要躬行。"最后得出结论:"既要认认真真学,又要实实在在用","学以致用,方能其乐无穷",才能有"锦绣前程"和美好的人生。不仅止于此,作者还引用苏轼"粗缯大布裹生涯,腹有诗书气自华"的诗句和庄子"吾生也有涯而知也无涯"的名言,强调"学习给人以智慧,给人以快乐,给人以希望",告诫读者"要以时不我待的紧迫感、使命感,努力抓紧时间学习,千万别虚度年华"。人人都能谈论一番的学习的重要性,作者讲得如此透辟、生动,实在难得!这与"引用"辞格恰到好处的纯熟运用显然是无法分开的。

综观全书,作者引用涉及的人物及著作,诸如《毛泽东选集》和《毛泽东诗词》,《鲁迅全集》;远至春秋战国时期诸子百家:《老子》《论语》《庄子》《荀子》《孟子》《左传》《吕氏春秋》;汉晋隋唐宋元明清乃至近现代的诸葛亮、欧阳修、陆游,《明日歌》的作者钱鹤滩,写诗劝家人"让他三尺又何妨"的张英;《三国演义》《红楼梦》等文学名著,《菜根谭》《增广贤文》《曾国藩家书》，谭嗣同和吉鸿昌的《绝命诗》，王国维的《人间词话》……外国名人则有尼采、叔本华、巴甫洛夫、稻盛和夫、迪斯累利、爱因斯坦、曼德拉等百余名人物及他们的百余种著作，古今百余名诗丽句，真是随手拈来，琳琅满目，让读者眼花缭乱，叹为观止。如此"大兵团作战"，大大增强了各个论题的说服力和权威性，同时给予读者审美的享受。

再次，睿思深邃，警句频出，也是该书的一大特色。

兹举几例：

谈及控制不良情绪时，作者写道，"成熟者的标配应该是：控得住情绪，稳得住脾气。"

谈及莫在"捧杀"中迷失自我时，作者提醒道："十分红处易成灰。"

作者引用金一南将军《心胜》一书中的名句："战胜对手有两次：第一次在内心里，第二次在现实中。"然后得出结论：心胜则兴，心败则衰，古今中外，尽皆如此。

"面对理想的破灭、工作的艰难、生活的困顿……"作者主张，不要自怨自艾，"而是大胆地向前看向前走，事来扛住，事过翻篇。请相信，别人家的洋房遮挡不了你所遭遇的风雨，坚持撑把伞，在风雨泥泞的路上勇毅前行，跌倒了马上爬起来，总会有柳暗花明展现在你的眼前。"

怎样看待金钱？作者说："金钱既不是万恶之源，也非幸福的本源。""钱多可以买来美味佳肴，却买不来健康；能买来热捧和鲜花，却买不来纯真的友情；能买来婚姻，却买不来爱情；能买来欲望的一时满足，却买不来内心的知足；能买来琳琅满目的奢侈品，却永远买不来高贵的灵魂。""人生本不苦，苦的是索取太多；人心本不累，累的是欲望太盛。我们没有必要睁眼闭眼谈钱，白天黑夜赚钱，省吃俭用攒钱，折腾了一辈子穷得只剩下钱。"

在"学会分享"一节里，作者告诫读者："当取得成就时，学会推功揽过，你便收获人脉；当有共同利益时，学会主动让利，你便收获友情；当你有智力资源时，学会拉别人一同成长进步，你便收获友谊；当你腾达发迹时，学会帮别人一把，你便收获幸福。"

作者指出："世上最可怕的不是鬼，而是人性的丑陋。"他对社会上戴着面具混世的各色人等，充满了鄙夷之情，无情地揭露他们"假马列真背叛""假正经真淫乱""假廉洁真腐败""假高明真无知"的丑恶嘴脸。

如此精辟的"警世通言""喻世明言""醒世恒言",书中俯拾即是。而我最欣赏的是树荣发自肺腑的这段话:"一个人有了骨气,人品就有了高度,人格就有了硬度,遇事就会体现出应有的血性、气节和担当。……我们做人就要正义在胸,浑身是胆,铁骨铮铮。我可以不富不贵,但我不媚不俗;我可以流汗流血乃至牺牲,但我永远不会趴下,更不会跪下。"

总之,作者通过十五个题目的论述,强调的是,不管时代如何变化,环境如何变化,个人的境遇如何变化,人们的世界观、人生观、价值观如何变化,我们做人的原则不能变,身为共产党员和革命干部的初心不能变。

读罢书稿,我的感慨颇多。如果说树荣的前两本书稿,我是以审稿的视角,在"鸡蛋里边挑骨头"的时候居多,那么在这部书稿面前,我几乎成了一位虔诚的听讲者,受教育,被感动,领悟着那些至理名言,审视着自己的人生。我和朋友开玩笑道:"看了我这位'准学生'的书稿,我怎么突然有一种'子教三娘'的感觉呢!"

我"奔八"了,树荣也老了,但据我看:其志,老而弥坚;其心,老而弥智;其量,老而弥广;其悟,老而弥深！作者在《后记》中说："这也许是我出版的最后一本书了。"树荣，此言差矣！厚积薄发，你这座富矿还有好多瑰宝可挖；巨笔如椽，读者盼着你再创佳作呢！

2024年5月31日于石家庄

按：序作者系河北省社会科学院语言文学研究所前所长，中华文化促进会主席团学术咨询委员、书刊编辑部顾问，故宫出版社语言文字顾问、特约编审，线装书局语言文学顾问、特约编审，河北教育出版社特约编审。

思维认知决定人生走向和高度 …… 001

善于学习思考关乎生命内涵和质量 …… 011

抓住机会机遇助力成功 …… 021

要与懒惰作不妥协的抗争 …… 033

坚决破除成长过程中的"心魔" …… 043

学会情绪管理便是人生赢家 …… 055

学懂人情世故而不圆滑世故 …… 067

莫在"棒杀"与"捧杀"中迷失自我 …… 081

记住人性经不住试探与检验	091
摘下面具还原真实的自己	101
别让自己总活在他人的世界里	111
勿让一个"钱"字捆绑住全部身心	121
做人应挺直腰杆别跪下别趴下	131
家庭幸福美满全靠耐心经营	143
做一个优雅平和知趣的老人	155
后记：人生如逆旅　我亦是行人	167

思维认知决定
人生走向和高度

现代人们往往把一个人的成功与否，简单归结为情商和智商高下所致，这在一些小的事情上也许如此。其实，真正决定一个人的人生走向和高度的，则是其思维水平与认知能力。无论功成名就，还是默默无闻，追根溯源全都出在思维与认知上，其他的一切都是由此派生出来的。基本逻辑链条是思维决定认知，认知决定出路（实现目标的路径和办法），出路决定行为（方式、方法和举措），行为决定结局（成败得失）。做人做事首要的是用"脑"用"心"，切实做好谋篇布局工作，也就是要有比较清晰明确的行动预案，做足最好的准备和最坏的打算，以及应对可能出现的各种复杂局面的对策，这样才能确保提高成功率。

既然思维认知如此重要，那么做人做事就必须予以足够的重视。下面，我们就试着分析一下它到底对人生有哪些影响，以及如何改变和提升个人的思维与认知度。

思维是指在表象、概念的基础上进行分析、综合、判断、推理等活动的过程。思维是人类特有的一种精神活动，是从社会实践中产生的。思维有若干模式，因人而异。不同的思维模式，可以产生不同的或截然相反的认知结论，继而影响人的行为。比如，我们常听人说"条条大路通罗马"，那么要去罗马怎么走？是步行、驾车还是坐火车、飞机？每个人通过思维会给出不同的答案。选择不一样的路径，对自身必然产生不同的影响，不同的思维模式也必然会导致不同的命运。这里，我仅谈几种常见的思维模式：

其一，感性思维与理性思维。感性思维是根据以往经验和主观感觉及表面现象去把握认识对象的本质及其规律。因其属于感性认识思考层次，往往不够准确，有一定的局限性。《吕氏春秋·慎行论·疑似》里记载了一个"疑邻盗斧"的故事，说的是从前有个人丢了一把斧子，他感觉是邻家的孩子偷了，他看孩子神色、走路、说话都像偷斧子的。不久，他在自家找到了那把斧子，再看邻家孩子一举一动都不像是偷斧者了。而理性思维则是通过分析和评估客观事实、数据和逻辑关系得出的结论，排除了直觉和情绪因素的干扰，因而更适用于处理复杂问题。现在，每当上马一项重大工程和重大投资，首先要进行风险评估，这就是依靠理性思维做出的科学决策。

其二，点状思维与网状思维。点状思维就是只看到想到一个点、一条线，比如一个人、一件事、一个要素，不计其余且据此做出思考和判断。而网状思维实质就是系统思维，这种思维不仅仅考虑一个点、一条线，而是把与这个点、线相关联的上下左右中的所有要素全部考虑在内，再作综合分析与判断。指挥战斗和管理企业，最忌点状思维，也就是我们常说的考虑不周全、不周到。就拿打仗来说，兵力多、装备好固然是取胜的一个重要因素，但据此就盲目开战，胜算的把握并不大，还有可能惨遭失败。因为整体兵力多并不代表局部地区兵力多，好装备还要有适宜发挥其特长的场所。因此，指挥员必须善于网状系统思维，充分考虑到对敌情的掌握，预设战场的地形地貌、气象条件、战术运用和攻防时差，等等，哪怕其中一个要素被忽略忽视，就可能满盘皆输。作为企业高管，同样需要用系统思维观察事物，适时拿出企业发展规划、目标、措施、奖惩和人力物力配置。具体到我们每个人的成长进步、一日生活,也要注重从点状思维上升到网状思维阶段,万不可抓一点而忘全局,看似辛辛苦苦,拣了点儿芝麻,实则丢了大西瓜。

其三,惯常思维与超常思维。所谓惯常思维是指人们按照习惯的、程式化的方法思考和解决问题的思维方式。与此相反,超常思维则是打破既有的思维定式,抛开习惯性思维的固化,超越常规常理而进行思维的方式,它往往能够收到意想不到的奇效。这对军事指挥员来说,显得尤为重要。孙武曰:"凡战者,以正合,以奇胜。"古代兵法"三十六计",多为超常思维之果,在实战中屡试不爽。显然,超常思维对每个人想问题、做决策不无裨益。我的家乡是冀东燕山脚下的一个山区小县,自然条件和区位优势一般,经济发展长期受困,民间百姓流传着"迁西县大瓦房,白薯面当细粮,鸡屁股当银行"的顺口溜。过去农民面朝黄土背朝天劳作一年,所打粮食勉强果腹。改革开放后分田到户,靠种地依然没有彻底甩掉贫穷帽子。少数有超常思维的聪明人,改种田为栽种板栗树。由于"迁西板栗"品质好,销路广,经济效益是种庄稼的几倍、十几倍,一些习惯"农民种地天经地义"的人也开始效仿栽种板栗树,如今迁西百姓普遍过上了衣食无忧的新生活。这就是打破已有惯常思维定式，思路一变天地宽的结果。创业经商最忌惯常思维，产品及销售走雷同化路线十有九败；而打破常规超常思维，坚持你无我有，你有我"专、特、精"，产品跟着需求走，你才会成为出奇制胜的王者。

其四，内向保守思维与外向开放思维。所谓内向保守思维，是指思维对象指向自身而不是他人和自然，把一切因果归结为自己所致。这种思维有利于自我完善，挖掘自身潜能，但其不善于利用外在资源助力也是一大弊端。而外向开放思维为多视角、全方位看问题的思维，更加注重寻求外部世界对人最有价值的东西为己所用。这种思维更易于接受新鲜事物，更富有进取和冒险精神。如在企业经营活动中，国人多数偏好按部就班做好简单重复性劳动，导致我国的产品缺乏国际竞争力。现在，国家倡导企业转型升级，就要多些向外开放思维、植入性思维，加大科技含量和产品适应市场的需求度。当然，这两种思维并不是对立的存在，更多的时候是兼而有之。对于个体生命来讲，坚持向内求己，修养和强大自身无疑是对的，但不善于借助、整合一切有效资源和外力为我所用，仅凭一己之力，很难有大作为、干出一番宏大事业。

任何一种思维模式，都不是孤立存在的，相互之间有交叉有兼容，只不过是偏重偏好哪种思维模式多些罢了。上面列举了常见的四对八种思维模式，事实上思维模式是多元的，可能有几十种之多，如逆向思维、批判性思维、归纳思维、演绎思维、推理思维、求证思维、转换思维、辩证思维，等等。总之，思维越广泛、越多元、越缜密，就越接近客观事物的本质和制胜之道，因而不可不进行更多模式的思维训练，以求不断提高思维判断能力。

当我们认识到不同思维模式的作用与价值之后，与此相关联的直接结果，则具体体现在一个人认知水平的高低和决断能力的强弱上。认知，简单地说就是认识和感知，即通过思维活动得到的认识和了解的客观世界。任何人都是在认知的基础上，才去决定做什么样的人、干什么样的事、走什么样的路等一系列人生重大问题。

最近，我从网上看到一个高人罗列的富人与穷人思维认知的差别图，现摘录于此，供各位品鉴体悟。暂设定富人为甲，穷人为乙，区别如下：甲投资，乙存钱；甲改变，乙抱怨；甲向前看，乙向后看；甲主动争取，乙被动等待；甲控制风险，乙拒绝风险；甲博览群书，乙玩手机游戏；甲是有钱大家赚，乙是有钱自己赚；甲认为时间就是金钱，乙把时间用来挥霍；甲把健康看作财富，乙用健康换取财富；甲相信事在人为，乙全归于命运；甲认为贫穷是罪恶之源，乙认为金钱是罪恶之源；甲失败了在自己身上找原因，乙失败了归咎于他人；甲认为自己生来就该做富人，乙认为自己这辈子只能这样；甲招收有能力的人给自己做事，乙学好一项技能给别人打工；甲好好学习是为了经营好公司，乙好好学习是为了找份好工作；甲写商业计划书，创建优质的企业，乙写漂亮的简历，找份稳定的工作。由此不难看出，两者不同的认知想法，必然导致不同的人生走向和命运结局。

人世间每个人都处在相对应的认知层次上，我暂且把认知从低层次到高层次划分为四个段位：

自以为是层。其典型特征是以自我为中心，目空一切，自以为无所不知，一瓶子不满半瓶子晃荡，好像什么事都能干敢干，直至一败涂地，才似有所悟。这类人不在少数，以青壮年居多。

心有敬畏层。即初步认识到世间万事万物复杂多样多变，看到了自身的局限与不足，对未知领域充满敬畏，并准备躬身探知客观世界，锚定人生发展方向。

深思熟虑层。其特征为跃升了自己的认知，经过认识与实践的反复锤炼，基本抓住了客观事物的本质和规律，能够比较从容地认识到自己想干什么、能干成什么。达此层次以上，中年群体为主，人数并不多。

空瓶心态层。这是认知的最高境界。到达这个层次的人已经把大千世界了然于胸，每每把自身已有的一切归"零"，认识到终其一生所掌握的知识、认清的事物、所做的工作都是极其有限的，抱定谦逊进取的态度，永远行进在改造主观和客观世界的路上。这类人少之又少，多为各行各业的大咖和翘楚，是真正的人生赢家。

正如有些成功人士谈体会时所说的那样："认知的高度决定成功的程度""人永远赚不到自己认知以外的钱""比努力更重要的是不断提升自己的认知"。由于知识和思维的原因，想改变和提高一个人的认知非常之难，那么究竟怎样有效地提升认知水平和层次呢？

有道是"海纳百川，有容乃大"。一个人认知能力的增强，有赖于睿智善思的头脑、敏锐宽广的眼界，还有包容万事万物为我所用的胸襟。一个是保持开放的心态，决不固执己见。不局限于自己工作生活中所见所闻的狭小天地，通过各种管道尽可能地了解这个世界、这个国家、这个社会和周围人的基本情况，善于倾听各种不同的意见、建议和信息，不把自己的一孔之见当作事物的全部而妄下结论，勇于放弃个人未经深入考证的想法。另一个是广泛涉猎多学科知识，改善思维结构。永不停顿地学习，是打开思维之锁和重构思维模式的金钥匙，一旦把学习掌握的知识灵活运用于思维之中，久而久之则逐步变得耳聪目明，虑事周详到位。再一个是善于总结经验教训，洞悉世事机理。注重总结经验、汲取教训，是一个人走向成熟的重要标志。人们常说的"吃一堑，长一智""打一仗，进一步"，就是让我们认真分析并找出成败得失的原因和机理，作为下一步想问题、作决策的参照依据。最后，还有一个是与心智成熟者为伍，与足智多谋的"智多星"交往合作，从中长见识、增认知、拓思路。仍以我的家乡迁西县板栗为例，过去各农户把下树板栗十元八元一斤直接卖给经销商。本县有少数认知高人，试着把板栗去壳炒熟真空包装，一年四季拆盒均可食用，价格一下子翻了五六倍。真空袋装"迁西板栗"已远销日本和东南亚各国。现在迁西板栗加工厂增加到几十上百家，成千上万的当地民众跟着增收受益。

商界奉为圭臬的《塔木德》一书中有这样一句话：仅仅知道不停地干活儿显然是不够的。有时埋头流血流汗地苦干，干得越多反而收益越小。世界上最富有的人之所以犹太人居多，主因是他们善于思考，认知程度普遍偏高，有很强很聪明的商业头脑。因此，每个人尽可能放下匆忙奔波的脚步，适时停下来给自己的大脑"充充电"，站得再高一点儿，看得再远一点儿，想得再深一点儿，谋得再全一点儿，这延展的不仅仅是思维认知的边界和高度，也是你迈向更高更远人生目标的必然选择。

善于学习思考关乎生命内涵和质量

我时常听到一些人感叹时运不济,命运多舛,自己憋足了劲努力了半天,没想到结果是个"屁"。于是乎,发泄对社会的不满,怨恨领导不公,哀叹没有贵人相助。总之,把自己归结为一个生不逢时、老走背字的"倒霉蛋",不免让人心生怜悯。

愚以为,上帝总是眷顾那些命由己造、矢志奋斗的人。这些整天牢骚满腹、抱怨这抱怨那的人,至少在认知上出现了两个方面的错误:一个是把一切成败归结为客观因素,没有从主观上找原因。每个人的基础条件可能不同,比如家庭出身、教育背景、生活经历、从事的职业,等等,这固然对一个人的成长进步有一定的影响,但不是决定性因素。要认清客观现实已经摆在那里,就看你主观上如何努力应对,化不利因素为有利的契机。我国某著名军旅歌唱家的儿子可谓"天之骄子",父母均为知名人士,家庭条件和自然禀赋极好,因胡作非为把自己折腾进了监狱。出生农村贫困家庭的网红董宇辉,却通过自身奋斗一路逆袭,现已成为网上达人,身价过亿,粉丝爆棚。究竟是客观条件重要,还是主观努力重要,大家不言自明。现在有一个流行的说法,出生底层的人再勤奋努力,也不可能大富大贵,成功的概率几乎为零,只能在社会底层挣扎。其实,这是一个彻头彻尾的伪命题。本来客观条件一般,难道怨天尤人去"躺平"就能改变命运、取得成功吗?家庭、学历、职业的差别都不是自暴自弃的托词,一介平民子弟从弱小走向强大的各界人士不乏其例。另一个是努力的方向和方法可能有偏差,常常事倍功半。有些人只顾埋头拉车,不喜欢抬头看路,耗时费力半天,仍然在离原地不远的地方打转转,这与踏实苦干的预期肯定相去甚远。记得20世纪80年代,深圳蛇口工业区率先提出了如今家喻户晓的口号:时间就是金钱,效率就是生命。我们有些人看似一天到晚忙忙碌碌,忙不到点子上,忙不出效率来,等于走了一段耗时多、费力大、效果差的冤枉路。因此,选对努力的方向,才是改变命运的关键所在。

俗话说得好,磨刀不误砍柴工。凡是那些事半功倍取得骄人业绩的，都是懂得先磨刀再砍柴的明智之人。曾有人问过我对此事的人生体会，我淡然一笑答曰：我算不上成功人士，充其量是一个稍有理想、自食其力，小有成就、不负生命的凡夫俗子。我的感想很简单，要想弯道超车、改变命运，就靠六个字：学习，思考，勤奋。这虽谈不上是普世真理，却是走向远方的底层逻辑。它不仅关乎个人兴衰成败，更重要的是关乎一个人生命的内涵和质量。

学习改变命运。《论语》开篇第一章便讲"学而时习之，不亦说乎？"第一条便讲了"学"与"习"二字，因为这不仅是达到"仁"的境界的先决条件，也是走向成功之路的必备素质。这里的"学"不难理解，就是学知识，学文化，学做人。有些人把"学"狭义地理解为仅是学校的课堂教育，其实课堂教育仅是人生极小的一部分，从学的内容上说，勉强算作"师傅领进门"的基础教育。真正实在管用的学，大量的是在走出校门之后，全方位地学书本知识、社会知识、自然知识和科学技术等。首先要把头脑武装起来，这就犹如上高速公路之前，先导航至预定目标，再给车加满了油。有些"学霸"为什么走向社会反而表现得成就平平呢？原因很多，其中与出了校门就放松了

"跟进学"有很大关系。从学的时空上讲,要抓紧点滴时间不厌其烦地持续地学,在各类知识更新日益加快的现代社会中,不及时跟进学习就意味着落伍,可能被边缘化而淘汰出局。所以,一定要把活到老学到老终身学的理念牢固确立起来。这里的"习"疑义很大,一般人理解为诵读温习所学内容。三国时期学者王素认为"时者,学者以时诵习之"。宋代理学家朱熹在《论语集注》曰:"即学而时时习之,则所学者熟,而中心喜悦,其进自不能已矣。"受他们注解的影响,大家普遍认同"时习"就是反复背诵熟读,这也符合过去应试教育的惯常做法。我则认为《中华读书报》上发表的观点更贴近孔子的原义,即"习"字除了有温习之义外,还有练习、实习之义,也就是实践,躬身践行所学之道之术。南宋大诗人陆游在《冬夜读书示子聿》中写道:"纸上得来终觉浅,绝知此事要躬行。"试想,一个人天天机械地诵习,不去认真实践以巩固书本知识,不能运用所学知识取得实质成效,怎么可能"不亦说乎"?显然不会有快乐可言。这里"时习"重点强调的是学以致用,方能其乐无穷。所以,几千年前孔圣人就谆谆告诫大家,人生的第一步就是"学而时习之",既要认认真真学,又要实实在在用,以这样的方式给人生开局起步，预示着不仅会有快马加鞭的锦绣前程，而且一定会感受到人生的美好。那么，我们何乐而不为呢？

"吾生也有涯，而知也无涯。"战国时期道家代表人物庄子进一步指出，人的生命是有限的，而浩瀚的知识是无限的。窃以为，他又让我们明白了两层意思：其一是要以时不我待的紧迫感、使命感，努力抓紧时间学习，千万别虚度年华；其二是要有选择地学习，拣重点学习，急用先学，活学活用。的确，即使我们每天二十四小时不吃不喝不睡拼命地学习，也不可能穷尽知识和所有专业。因此，我们还必须结合个人的优长和兴趣爱好，与国家和社会客观需求对接，有方向、有目标、有选择地学习，这样就会大大增强学习的实效性，为展翅高飞插上坚牢的翅膀。一句话，学习给人以智慧，给人以快乐，给人以希望。这就是反复强调，人生要先从学习抓起的缘由。这又让我想起了苏轼《和董传留别》诗云："粗缯大布裹生涯，腹有诗书气自华。"

思考使人睿智。《论语·里仁》篇曰："朝闻道，夕死可矣。"意思是说，如果早晨能够得知且悟到真理，即使当晚死去，也没有什么遗憾的了。人类之所以有别于动物，在于人类能认识世界、认知人生，能够探索、掌握自然规律，并能利用自然规律为人类的生产生活服务。孔子把"闻道"当作人生的最高追求和至高无上的境界，因为得"道"之人才会活得通透，知晓天下大道和自己的过去、现在与将来，把握人生规律，确定自己要干什么事情、怎样去生活，而这一切又都是孜孜不倦地学习与静心思考得来的。有人极言之，生命的意义在于思考。我则认为，思考是通向成功必须借助的桥梁和天梯。其实，凡是人都会不停地思考，但思考的点位不大一样。有人重点思考怎样过好一日三餐小日子，关注粮价菜价和支出涨了降了，到哪里购物便宜划算；有人思考周围人谁当官了，为什么我还在原地挣扎踏步，盘算着啥时候"馅儿饼"能掉到自己嘴里；还有的整天琢磨投机取巧之道，梦想一夜暴富或一鸣惊人，干出点儿大事情来。因这些思考太局限狭隘，自然不会有什么大的价值。真正靠谱儿的智者思考的是过去所走之路对不对，成功与失败的经验教训是什么，重点关注世界和本国大势走向，经济社会发展变化的风口在哪里，自己拥有的资源能够干什么，发展机遇和果断出手的机会大致在什么时段，通过哪些方法、步骤和手段达成预期目标。有这样系列化的缜密谋划和思考、精心的思想物质和能力准备，当机遇来临时，就会比较有把握地攻下一个又一个山头，最终达到人生的巅峰状态。这也许就是深度务实思考孕育的良机，有志有谋者的制胜之"道"。常言说"学而不思则罔"（《论语·为政》），学会思考能让我们变得比较聪明一些，人生之路走得更稳健一些。诸君如有什么高见，不妨也拿出来晒一晒，让众人共同受益。实践证明，思考的深度决定生命内涵的厚度，思考的分量决定生命的质量。一个没有独立思考精神的人，便不会有独立见解和独立人格。爱因斯坦曾披露过自己的成功秘诀："思考，思考，再思考，我就是靠这个方法成为科学家的。"我有一个乡友是一家香港上市公司总裁，年销售额上千亿元，连续二十年居全国五百强企业排行榜前列。当我问他是如何从一个县办企业像滚雪球一样发展到今天的，他坦言道："我成功并不是因为我比别人更聪明，而是我花费了更多的时间观察了解各类信息并深入思考，而后再做出决策。"可见，思考的力量可以成就一个世界级的伟大科学家，亦可以撬动一个企业的发展，决定一个企业强盛的命脉。

勤奋助力成功。唐代寒门士子韩愈有句著名的论断:"业精于勤,荒于嬉。"它深刻揭示了成功的路径和失败的根源,主要在于"勤"与"嬉"的取舍上。无论做成任何一件大小事情,都不可能在等待中坐享其成,有道是"一分耕耘,一分收获"。事业上,即使耕耘了也不见得就有好收成,倘若遭遇天灾人祸,比如洪灾、旱灾或蝗灾袭来,眼看到手的收获立马打了折扣。即便如此,人生永远不要怀疑努力奋斗的重要意义。无论哪个领域和行业,干出一番业绩都离不开不懈的努力和付出,把时光浪费在嬉戏玩乐声色犬马中,无疑会自毁前程。宋朝有个叫方仲永的人,虽然天资聪慧,但没有持续努力,最终一事无成,在历史上留下了化神奇为衰落的经典故事。为此,王安石专门写了《伤仲永》。天才与凡人只有一步之遥,那就是勤奋。大名鼎鼎的爱迪生一生创造了电灯泡、电话和电影机在内的一千多项发明,世人称其为天才奇才,而他却道出了自己的感悟:"天才是百分之一的灵感和百分之九十九的汗水。"值得注意的是还有一类人,取得了小的成就,便小进则安,小成则满,躺在功劳簿上睡大觉,不再努力上进。毛泽东不愧为伟大的思想家和战略家,他在七届二中全会上庄严指出:"夺取全国胜利,这只是万里长征走完了第一步。如果这一步也值得骄傲,那是比较渺小的,更值得骄傲的还在后头。"人生也是如此,生命经不起蹉跎和自满,青壮年时期的黄金时段不去努力拼搏,老来只能是一声长叹、几滴泪花。星光不问赶路人,时光不负用心人。时间对任何人都是公平的,我们把有限的时间安排好利用好,少些交往应酬玩耍,多些深度学习思考,少些消极等待观望,多些积极进取,时间自会给你想要的答案,不同的人生命运也就由此改写。

  人生重在感知和体验。每个人不只活在肉眼可见的物质世界中,同时生活在不可见的精神家园里。当通过自己的良知、智慧和汗水一路打拼,直至获取相应的权位、财富、尊重并过上优裕的生活时,你的感知是快乐的,你的内心体验是充盈丰富的,你的人生是饱满美好的。退一步讲,哪怕我们在勤奋学习思考与拼搏的路上,有过闪失、挫折和失败,那也无愧于生命的馈赠。让我们在奔赴使命的路上不断突破自我,修复自我,救赎自我,完善、成全自我吧!

抓住机会机遇助力成功

每个人来到这个世界上都希望有所作为，渴望成人成事成功，实现人生最大价值，受到世人尊重和称赞。那么，为什么有的人功成名就，一路凯歌高奏，而有的人却累死累活，疲于奔命，依然挣扎在温饱线上呢？

铁的事实证明，谁没有丧失机会与机遇，谁就跨入了成功的大门。每个人，除了家庭背景、情商智商等差异外，非常重要的一条，就差在有没有把握住机会、抢抓住难得的机遇，做到了就会开挂人生；假若没有意识到更没抓住机会和机遇，那就只有依靠辛苦的劳作养家糊口了。

现在许多人把机会与机遇等同起来看作是一码事，实际上两者意思相近有一定的相似性，但仍有显著的差别，这一点务必认识清楚。机会多指恰好的时候、时机；机遇则多指有利的时机、机会和境遇。在人的生命旅程中，机会较多且有一定的规律性和可预测性，我们可以通过提高自己的认知水平把握时机，也可以通过努力创造机会。机会更多地强调发挥人的主观能动性，机遇则往往是命运的馈赠，通常指在某种机缘巧合下出现的意外收获或有利情形。因此，机遇难得，可遇不可求，具有意外性和不确定性，稍纵即逝。这就需要我们具有明亮的眼睛、睿智的头脑、敏捷的动作，防止机会和机遇与我们擦肩而过。

那么，我们不妨从我国不断发展壮大的历史脉络中领悟抢抓机遇的节点及其重要性。自从新中国诞生以来，我们用短短几十年的时间走完了西方发达国家几百年所走过的工业化发展道路，其中最关键的一个因素就是抓住了难得的历史发展机遇期。远的不说，自进入21世纪以来，由美国主导的西方世界视中国的和平发展为最大威胁，采用军事、政治、经济、科技、舆论等各种手段发力打压。2001年4月1日，南海撞机事件就是美国将矛头对准我国蓄意挑衅制造事端的例证。可是人算不如天算，随后发生了震惊全球的"9·11事件"，打乱了美国围堵打压中国发展的全盘部署。美西方忙于反恐战争，给中国经济发展创造了有利条件。随着中国加入世贸组织，我们及时抓住这次天赐良机，大量承接国际上工业产业链转移之利，促进了工业制造蓬勃发展壮大，并创收了大量外汇。第二次机遇则是2008年美国次贷危机，限制了其对外掠夺扩张，又为中国争取了大约十年的发展机遇，使我国一跃成为世界第二大经济体。目前，第三次机遇已经来临，以2017年特朗普上台，开启中美贸易战为标志，美国联合盟友全方位打压遏制中国发展，玩起了"脱钩""断链"等把戏，我国党和政府从容应对，一是大力推进一带一路，二是采取国内国际双循环战略，三是提升新质生产力，强力发展以高科技高效能高质量发展为特征的先进生产力质态。美西方内外交困，打压手段已黔驴技穷，只要我们聚精会神搞建设、一心一意谋发展，经济总量跃居世界第一指日可待。新世纪这三次抢抓历史发展机遇，已为我国长久长远发展壮大奠定了雄厚的物质基础，切莫被国内外敌对势力带偏了节奏，自损自贬。那些唱衰做空中国发展的图谋和各种陈词滥调，如今不过是梦魇而已。

一个国家、民族和地区的高速发展离不开抢抓机遇期，又如20世纪90年代前"亚洲四小龙"的经济腾飞。同理，一个人的前途命运同样有赖于把握机会，抢抓机遇，强大自己。一些成功人士曾总结概括说，机遇是金，机会是银。抓住了金，握住了银，就算是猪站在风口上，都会飞起来。如今五六十岁以上的中老年人都记得，那时的国家政策是允许子女顶工替班，其父母在哪个行业干什么工作，子女可以跟随进入上班，父母退休还可以再接收一两名子女顶替入行。那么，对全国绝大多数农民子女来说，意味着只能祖祖辈辈在农村"修地球"。这里并不是说当农民就不好，就不能生活。当时情况是城乡差别很大，农民面朝黄土背朝天干一年，还倒欠生产队粮款，吃穿基本上是当地产什么就吃什么穿什么。城里人月月发工资不说，还有更多的发展机遇和选项。对此，有人编了个顺口溜："城里好，农村差，生在农村难开挂。"20世纪70年代末，改革开放第一件大快人心事就是全国实行统一高考上大学，分数面前人人平等，这使无数农村孩子有了进城接受高等教育的机会。我所熟识的成百上千个精英人才，几乎全是通过高考这个机会走上成功之路的。此时有人可能会说，上大学的毕竟是少数人，我考不上大学怎么办？国家又适时出台了新政策，允许在岗人员停薪留职下海经商，允许农村人进城务工、经商办企业。面对又一次机遇，一些城里人放不下

"铁饭碗",大多数农村人感到彷徨,允许进城是好事,但咱一没资金二没技术,去了能干啥?踌躇不前的人一次又一次错失良机,但有少数敢于"第一个吃螃蟹"的人大胆地迈出了第一步,淘到了第一桶金,从而在中国的经济大潮中一路劈波斩浪。如华为总裁任正非、玻璃大王曹德旺等人,就是及时把握住机会、抢抓住机遇的典型代表。现在那些站在岸上观望的看客常在一起议论:张三成功是命好运好,李四致富是得益于企业改制,钻了政策空子,但从来不反躬自省,自己也曾有过同样的命与运、同样的机遇与机会,为什么没抓住呢?为什么在等待观望中蹉跎岁月落到这步田地呢?

人在一生中抓住机会和机遇固然重要,但并不等于可以一劳永逸,还必须珍惜机遇、用好机遇。世人都说"家丑不可外扬",这里我斗胆谈点儿"家丑"。那是20世纪90年代初国家刚刚开放证券市场不久,我家"领导"在西安一家大酒店当部门经理,其上级"西旅集团"欲加入上市公司。当时广大市民对股票知之甚少无人认购,公司便强行摊派所属企业领导认购一定数量的金额。她东挪西借买了一些原始股票,确实也赚了一些钱,因而对股票产生了浓厚兴趣,直至2007年10月股票高点时赚了有上百万元。我看到退休老头儿老太太都拿出了养老金、卖房子换钱进入股市，便感觉势头不对，一般高潮过后必是低谷。经再三劝说，她终于在上证六千点左右出局。本想有这赚的一百多万元脱贫没问题了，谁料想"领导"就是"领导"，她看股票还在涨，一天能入账几万元，转瞬又偷偷重新入局，其结局大家都能猜想得到。对此，我既没埋怨也没有后悔，这是她自身抓住机遇又丢失机遇成果应交的"学费"。同样，我一个非常要好的杨姓朋友，审时度势，果断地在六千多点卖出，随即在北京买了一处一百多平方米的房子和一辆三十万元的小汽车。此刻，大家肯定从中悟出了一点儿道道，不去大胆尝试买股票，就不会有大起大落的心理落差，但无悔的是收获了人生经验。老杨抓住了机遇又恰到好处地运用机会，买了一套三居室房子，如今房价已飙升了十几倍，自然跨进了中产阶级行列。

　　机会和机遇对每个人来说都是相对公平公正的，你没有这样的机会，就可能有那样的机遇。正如哲人所说，上帝为你关上了一扇门，则会又给你打开一扇窗。许多人总是与机会机遇失之交臂，主因在自身缺乏应有的智慧、胆量和勇气。要改变所谓人生命运，不再错失良机，鄙人以为应注意以下几点：

要有梦想。一个理智正常的人不可能混天度日，吃了今天的饭不管明天的粮，他总会对未来有思考有想法。这个尚未实现的想法和目标，即为梦想，也可以称作人生规划。一旦确定了梦想，就要勇于追梦，躬身付诸实践；在现实操作中，不断调整优化路线图以期达到梦想成真。一个没有梦想的人必定浑浑噩噩，到头来满头华发仍旧一事无成，直到那时悔之已晚矣。

蛰伏待机。世上有句名言，机遇只垂青有准备的人。这里的蛰伏，不是让你像冬眠的动物一样一动不动，更不是让你守株待兔，而是不要乱动以致做成"夹生饭"。要学会沉淀自己，苦心练好基本功，多长些实在管用的真本事，有一种箭在弦上蓄势待发的定力，一旦时机成熟和机会到来时，则会收到一剑封喉的神奇效果。

敢于"冒险"。乐观主义者能从每一次挫败和灾难中看到机遇，而悲观主义者却从每一个机遇中预见灾难。其实，做任何一件稍有难度的事情，都不可能有十足的条件和百分之百的把握，正所谓机遇与挑战并存，困难和希望同在。大家可以回忆一下以毛泽东为代表的党的第一代领导集体取得中国革命胜利的艰辛历程：当有人怀疑"红旗到底能打多久"时，毛泽东昭告"星星之火，可以燎原"；当有人在艰难困苦中畏缩不前时，毛泽东强调"前途是光明的，道路是曲折的"；当有人对中国革命产生悲观情绪和错误判断时，毛泽东又以他那远见卓识的战略预见指出："它是站在海岸遥望海中已经看得见桅杆尖头了的一只航船，它是立于高山之巅远看东方已见光芒四射喷薄欲出的一轮朝日，它是躁动于母腹中的快要成熟了的一个婴儿。"正是由于有了这种超前意识、前瞻思维，我们才坚定了中国革命一定会取得胜利的信心；也正是依靠这种革命的乐观主义和英雄主义精神，我们才战胜了国内外强大的敌人，建立起屹立于世界东方的新中国。相比之下，我们在现实工作和生活上遇到一点点困难，受到一点点挫折就打"退堂鼓"，那怎么能成就一番事业、走好走远人生之路呢？说到底，敢于冒险拼搏等于还有机会，墨守成规、消极规避风险，无疑只能是落花随波逐流。

下手要快。迪斯累利曾经说过："人生成功的秘诀是当好机会来临时，立刻抓住它。"因为无论你有多少奇思妙想，有多少次机会机遇，没有当机立断捕捉住，那都没有任何实际意义。下手快，机会才是你的"菜"。少一分顾虑害怕,才可能多一分成功的希望。我认识一位才华不俗的名牌大学生,他去国外读研,归国后犯了眼高手低的毛病,先是想去考公务员,听说录取比例很低,怕考不上丢人,准备了半年却放弃了;他又进了一家国企,干了三个月嫌薪资低,又辞职不干了;紧接着到了一家外资企业,薪水较高,但劳动纪律太严,压力很大,干了一个月就甩袖子走人了;在家混了大半年,又先后与伙伴合资创办企业,投资基本打了水漂,至今人近中年仍无着落,只好宅在家中等待老天给他"下雨"。面对一次又一次机会,总是浅尝辄止,不懂珍惜、不会把控,那便无论有多么奇巧的构想、多么出众的才华、多么深厚的背景,照样会被滚滚向前的时代潮流淹没。

砥砺奋进。没有机会,更没碰上过机遇,这是懒惰者共同的托词。在勤奋者看来,没有机会可以寻找机会、创造机会,因为他们坚信"奋斗改变人生"。他们从不会因一次机会取胜便沾沾自喜,甚至裹足不前吃老本。他们始终在跨越一个又一个天堑路障中,持续书写着人生传奇。在这里,我们不得不说一说风云人物俞敏洪。这个连续三次高考才踏入大学校门的农家子弟,有一颗"不安分"的心,留校任教后,偷偷跑出去在校外办辅导班赚取课时费。在受到校方处分后，于1991年从北大辞职，瞅准了社会上普遍渴求给孩子补习英语的商机，毅然创办了北京新东方学校。由于学校办得风生水起，2003年遂注册成立了新东方教育集团并成功上市。俞敏洪2012年被评为"中国最受尊敬年度人物"和"中国最具影响力"的五十位商界领袖。2021年4月，俞敏洪以四十四亿美元财富位列《2021年福布斯全球亿万富豪榜》第六百五十五位。同年，国家"双减"政策出台，俞敏洪更换赛道，

于年底新东方业务转型,又一家火遍网络的东方甄选诞生,如今已声名远播,销售业绩扶摇直上。俞敏洪现象告诉人们一个朴素的道理:机遇永远属于那些善于学习思考、准确及时抢抓机遇、永远砥砺奋进的有志者。俞敏洪也用自己的行动,再次深刻诠释了他所著的励志书《永不言败》的铿锵誓言。难道这样耀眼的人生足迹,还不值得我们每个人对照反思和清醒吗?

人生就像一场旅行,我们会遇到各种各样的机遇。我们只有保持积极进取的心态,不畏艰难险阻,逢山开路,遇水架桥,才有可能不错失机遇而开创更美好的人生前景。当然,我们也要明白:人生的机会很多,而一个人的时间、精力、能力毕竟是有限的,不可能什么人都去交往,什么事都去做,这就需要仔细甄别、筛选,把握住适宜自己发展壮大的良好机会,一次又一次突破自我设限,把"不可能"变成"我还行"。征途漫漫,行则将至。人生唯有跟对了人、选对了路、做对了事,才可能成就更好的自己,成功就会与你迎头相撞。

要与懒惰作不妥协的抗争

世界前首富比尔·盖茨曾说:"懒惰乃是万恶之源。懒惰会吞噬一个人的心灵,就像灰尘可以使铁生锈一样。懒惰可以轻而易举地毁掉一个人,乃至一个民族。"曾国藩则说,天下古今之庸人,皆以一惰字致败。懒惰,是毁掉一个人的开始,是一个人求而不得、一事无成的根本原因。

懒惰有如此之大的杀伤力、毁灭力,那么它的确切含义是什么?是指一种不愿付出努力、不愿承担责任的心理状态。《词典》释义为不爱劳动和工作,不勤快之人。那么问题来了,当我们时常埋怨自己时运不济、命运多舛、事与愿违的时候,是否认真思考过到底与自身的懒惰有没有关系呢?可以肯定地说,一个又一个人生梦想的破碎,十有八九来自懒惰。

从生物学的角度讲,懒惰是人的天性。没有哪个人天生就喜欢煞费苦心、流血流汗去做事情，反而天生就偏爱追求安逸享乐。因为从生理反应看，冬天怕严寒风吹，夏天怕日晒雨淋，学习怕枯燥乏味，思考怕伤神费脑，干活儿怕受累担责，哪如纵情山水嬉戏，过着"衣来伸手，饭来张口"的日子逍遥自在。没错儿，人一旦陷入"舒适区"就会上瘾，甚至难以自拔。大名鼎鼎的李鸿章年轻时喜欢睡懒觉，"竹林七贤"之一的那个嵇康更是嗜懒成性，好在他们迷途知返。最让人唏嘘的是清末首富盛宣怀最宠爱的四儿子盛恩颐，懒惰不干正事也就罢了，还养成了吃喝嫖赌抽（鸦片）的恶习，不仅把父亲留下的巨额财产败光，可悲的是竟饿死在自家祠堂门房，死时腹中没有一粒米。这真是"天作孽，犹可违；自作孽，不可活"。

客观公正地说，中华民族是全世界最勤劳最能讨生活过日子的民族之一，遍布全球各地的华人，大多生活在所在国的富裕阶层。但进入21世纪，随着国内独生子女一代长大成人，家庭物质生活条件明显改善；加上从小娇惯溺养，养育了一批"小皇帝""小公主"。少数人吃不得苦，受不得累，担不了责，动不动就"躺平"当起"啃老族"。我邻院有一个二三十岁的小伙子，大学毕业先是在国企干，他嫌工作紧张待遇低，辞职不干了。继而，由父母出资与伙伴开公司，因经营无方倒闭了，他索性"宅"在家里不再出去找工作。当旁人问起他今后的人生打算时，他面无愧色地说："我干不干一样。我爸妈有两套房，爷爷奶奶那里还有一套房，将来靠收房租也饿不死。"活脱脱一个盛恩颐第二！类似这样的人比例虽然不大，但不找工作、不结婚、不要孩子、不愿照顾老人的懒人大有人在。我真替这些懒人捏把汗，他们即使不像盛恩颐那样把家业败光，仅满足吃了睡、睡了吃、吃了又玩的生活状态，那与动物又有何异？更没资格奢谈自尊自爱和受人尊重。人与动物的本质区别是人具有利他主义精神，应该适时担当起家庭、社会和国家赋予的使命责任，实现人生价值最大化。十分遗憾的是，一个人一旦养成了好吃懒做的坏习惯，改变起来非常困难。因此，必须从小灌输勤劳理念，坚持毫不妥协地同懒惰作斗争，以壮士断腕的决绝，从灵魂深处拔除懒惰这个致命毒瘤，逐步养成勤奋上进、自强不息、有所作为的良好人格习惯，坚信人生因拼搏而精彩。

坚持用目标牵引。目标管理学原理表明，目标是方向，是承诺，是实现未来梦想的重要手段。每个人活在世上都会有这样那样的想法，对自己未来的人生状态有美好的憧憬和规划。其实这就是你人生的目标，所不同的是目标有远近、大小、模糊与清晰之别。过去"三十亩地一头牛，老婆孩子热炕头"是期许，之后"楼上楼下，电灯电话"又是对新生活的期待，如今"有房有车有存款，父慈子孝家圆满"已成为人们普遍的愿望和追求。当然，每个家庭每个人的经济基础和能力不同，每个人奋斗的目标也不尽一致。无论你制订什么样的人生目标，对一个人的成长进步都大有益处，因为谁都希望自己的生存状态一天比一天、一年比一年更好。这样，目标就会牵引、助推你想方设法去努力拼搏，不断向前向上向既定目标靠近。如果一个人没有设定人生目标，活一天算一天，那前景和人生未来将会十分可怕，必然稀里糊涂，心生惰性，其结果是"脚踩西瓜皮，滑到哪里是哪里"，人生悲剧的序幕也由此拉开。在这里需要指出的是，一开始人生目标的设定不能好高骛远不切实际，要以"跳着脚够得着"为限，由此循序渐进，以一个又一个阶段小目标的达成，最终实现人生长远的大目标。

拒绝拖延逃避。遇事选择拖延与逃避，是懒惰之人的一个重要特征。他们在工作和日常生活中，稍遇一点儿困难、阻力和压力，便本能地逃避，找出 N 多个理由、借口和托词,要么选择逃避,要么选择拖延拖沓,把今天该完成的事情推迟到明天、后天以至无限期,岂不知"明日复明日,明日何其多!我生待明日,万事成蹉跎"(明·钱鹤滩《明日歌》)。逃避与拖延无异于谋财害命,不仅是对生命的肆意挥霍,也是对自己极端不负责的行为。我们大多数人都有这样的经历和体会吧:当你计划今晚加个班,把预定的工作目标完成好时,谁料朋友或同事一个电话、一声喊叫"今晚一起喝点儿小酒打会儿牌,走吧!"你脑子里既想着所订计划,又经不起外力拉扯诱惑,同时找出不能"得罪"朋友的理由,犹豫再三还是决定到外面逍遥一番,因为这比加班更安逸舒适。早晨闹钟响了,还想在床上赖一会儿,道理也是如此。长此以往,懒惰中的拖延乃至逃避的积习就滋生蔓延开来,慢慢侵蚀着自己的身心和意志,使之成为摧毁一个人雄心斗志的绊脚石。因此,对付这类惰性的最好办法,就是当逃避与拖延的借口和种种理由在脑海一闪现时,毫不留情地果断"踩刹车"拒绝,让惰性没有任何趁虚而入的机会和可能。这看似对自己"狠"了一点儿,吃苦受累多了一些,但它却是你破茧成蝶前必然经历的"痛"。只要不拖不等不懒,心中默念"马上开始",

那么，任何艰难险阻、身心消耗、外力绊扯，都阻挡不了胸中有目标、肩上有责任、脚下有行动之人的脚步。

持续激发内在动力。人是一个复杂的矛盾体，既有懒惰的天性一面，又具有自尊心、成就感和积极进取的一面。那么，为什么有些人在进取的人生路上，突然放缓了脚步乃至停滞不前、"躺平"不干了呢？这往往是由于遇阻受挫之后内在动力不足所致。我们经常看到国内国际重大田径赛事上有这样的场面：运动员在赛场奔跑中摔倒了，有的选择黯然离场而去，而有的却爬起来继续向前冲刺，也许没有拿到好名次，却依然博得了千万观众热烈的掌声和欢呼声，大家由衷地钦佩这种内在动力十足的拼搏进取精神。在每个人成长进步的道路上，总会遇有坎坷、挫折和失败，重要的是永不言弃，认真分析并打通那些难点、堵点、痛点之后，抖擞精神"加满油"，依然砥砺前行，而不能就坡下驴，一蹶不振。在这里，殷切地希望所有立誓成人成才成事的有志者，抽暇多看一些励志故事，多读一些中外名人传记，多了解一些我们党百年奋斗的光辉历程。在那里，你可以领悟一个人、一个党、一个民族怎样从小到大、愈挫愈奋，又是如何百折不挠、从胜利走向胜利的制胜之道,从而为自己的人生航程填充满满的正能量和无穷的智慧。同时,我们在经过不懈努力办成一件大事或完成一个阶段较大目标任务时,要及时与家人和亲朋好友分享成功的喜悦与祝贺,也不妨下馆子吃顿美食或买几件好衣服奖赏、犒劳一下自己,不断强化自信心和成就感。这样,我们驱除懒惰、负重前行的马力会更大,动力会更足,续程会更远。

保持自律自强的品格。孟子有云:"行有不得,反求诸己。"意思是说,当你做任何一件事,如果没有达到期望的结果,一定要明白问题肯定出在自己身上,跟其他任何人都没有多大关系。世上之人常犯这样一个毛病,自己一事无成、生活困顿之时,不是从自身懒惰懈怠等方面找根源,而是怨天尤人、牢骚满腹,别人发达了、发了财,归于人家有运气、机缘、天命之类的东西,而自己破败则说成是没背景、没靠山、没贵人相助,这岂不让人啼笑皆非!要打破这一错乱的迷思,必须彻底转变观念,坚信任何外力都无法拯救你的灵魂和命运,只能起一点儿辅助、帮衬作用,唯有自己做命运的主人,主动救赎自己。坚持严格自律不懒惰、自强不息向前奔,任何时候任何情况下绝不向命运低头弯腰，不向他人伸手讨要等靠，不向困难挫折妥协让步，才能活出自尊和"精气神"，一路所向披靡。

笃信"勤"是成事之基。一个人被锁死在底层，其深层根源往往在于一个"懒"字；而能体面地活在世间，有所作为，有所成就，无不由于勤劳勤奋勤勉。正如纪晓岚所言："一勤天下无难事。"无数活生生的事实告诉世人，天道酬勤，勤能生巧，勤能补拙，幸福生活就是用勤劳、智慧和汗水创造出来的。依靠勤劳致富既是国家所倡导，又是人们普遍认同的正确理念和行动指南。曾几何时，少数社会精英和网络大V极力鼓吹"勤劳致富是个伪命题"，依靠种田、做工、送外卖等体力劳动，只有辛劳辛苦辛酸，不可能发家致富。这种睁着眼睛说瞎话的反宣传，误导了社会上一部分小青年，一心想不出力、少出力走"捷径"去赚快钱赚大钱的人越来越多，极少数人竟走上了结伙电信诈骗、甘当"二奶""情人"的歪门邪道，其结局自然是"聪明反被聪明误"，殃及自身。世上三百六十行，行行出状元、出效益、出辉煌。现在大家都知道，那些研制出高尖端武器、前沿机械设备、生物制药技术的科学家和工程师，要比一般体力劳动者付出多几倍几十倍的艰辛劳动，其辛苦辛劳程度简直让你无法想象。一个人适宜做什么事情，不是臆想出来的，而是基于每个人自身的基础条件和社会分工自然筛选的结果。今天你是打工族，等你明天攒足了"第一桶金"，学会了一些经营之道，也可以创办公司当老板。我们需要清醒的是，无论做哪一行、干什么事情，都始终离不开一个"勤"字。天上不会掉"馅儿饼"，更不会有不劳而获的所谓成功。正如北宋名臣欧阳修所说"忧劳可以兴国，逸豫可以亡身"。请坚信星光不负赶路人，只要不辞劳苦，勤动脑思考，勤动眼观察，勤动口沟通，亲动脚奔波，勤勤恳恳、踏踏实实、任劳任怨创业干事，一定能成就一番无悔的事业。

《荀子·劝学》里有句话说得好："不积跬步，无以至千里；不积小流，无以成江海。"惰是万恶之源，勤是成事之基。坚持从我做起，从现在做起，从基础性的小事做起，你就会离成功愈来愈近。这不由得使我想起习近平总书记在2023年新年贺词中的一段话："路虽远，行则将至；事虽难，做则必成。只要有愚公移山的志气，滴水穿石的毅力，脚踏实地，埋头苦干，积跬步以至千里，就一定能够把宏伟目标变为美好的现实。"我也非常欣赏并认定近代学术大师王国维在

《人间词话》里所论:"古今之成大事业、大学问者,必经过三种之境界:'昨夜西风凋碧树,独上高楼,望尽天涯路',此第一境也;'衣带渐宽终不悔,为伊消得人憔悴',此第二境也;'众里寻他千百度,蓦然回首,那人却在灯火阑珊处',此第三境也。"我们每个人当以自勉,具有忘我、坚韧、执着的品行,艰难困苦,玉汝于成。如果没有发自内心勤奋努力的自觉性、主动性,任何目标都不可能实现,不管你有多么聪明,有多大本事。因为眼前有座金山,你也得自己往上爬。

当然,我们倡导与懒惰思想行为作不妥协的斗争,并不是教人寝食难安、昼夜加班,也不提倡疲于奔命般地辛勤劳作,更不宜以透支身体为代价。正如《菜根谭》中所说:"人生太闲,则别念窃生;太忙,则真性不见。故士君子不可不抱身心之忧,亦不可不耽风月之趣。"作为一个普通人,整天游手好闲、好吃懒做,会使人丧失进取意识和责任心,应坚决摒弃;而常人之道应为劳逸结合,既不使身心过于疲劳,也不可沉迷于安逸享乐,坚持在自强自立自足自尊中实现人生价值。

坚决破除
成长过程中的"心魔"

所谓成长，不仅是指随着年龄的增长，生理机能发育成熟，更多的是指一个人通过不断修正缺点和毛病，努力校正人生方向，心智日趋成熟稳定的过程。从广义上可以说，人的成长永无止境，直至生命完结。因为你的认知在不断扩充丰富，人生智慧在不断迭代增加延展，一圈又一圈年轮不断带给你成长的空间和潜力。所以，一些有学识修养的老者经常说：我愿意与青年人，包括孙辈，一同不断成长，收获满满的人生体验和感悟，无悔人生的历程与赠予。

众人皆知，每个人成长的过程都不会是脚踏铺满红地毯的绿色通道，直趋领奖台，其中必定充满数不清的艰难险阻。那么，人生旅程中最大的障碍究竟是什么呢？我辗转反侧思来想去，是天资愚钝、机遇缺失、"小人"挡路、出身寒微、命运捉弄人？这些与成长相关，却都不是核心要素。诸如此类障碍都不足以左右人生走向，最可能毁坏你不断成长进步的人一定是"内鬼"——"心魔"。一位领悟了人生真谛的智者说过这样一句话："真正可以打败一个人的，从来不是苦难，而是无知、恐惧、心魔。"简而言之，人之落败最大的天敌就是"心魔"。

"心魔"在词典里面称作错误的知见，即心中的错误想法、看法及做法。世人往往称其"心结"或心里的"恶魔"，通常理解为精神、意识、心理上的缺陷与障碍。它会衍生出贪念、妄念、执念、怨念、痴念和仇恨心等负面情绪，给人带来心理超负荷和负能量。任何人无一例外地都有过大小不一的"心魔"，对此不必大惊小怪，更无须忧心忡忡。仔细回忆一下，你难道从不曾出现过譬如负面想法、反常思维，时常幻想自己前景黯淡渺茫，不被周围人理解和认同，处于孤立无援境地等状态？"心魔"的典型特征，有如下几点：

怯懦多疑。表现为内心非常自卑，极度否定自己，认为自己这也不行，那也不行，心里预设自己会失败，见了矛盾绕道走，遇到困难就逃避，不敢独当一面做事情干工作，对人生前程充满悲观绝望。同时，对他人的态度和看法极为敏感，总感觉周围人在讥笑议论自己、说自己的坏话，不愿也不能敞开心扉表达自己的主张和意愿，似乎骨子里就缺乏安全感。这类人很难集中精力干成一件事，在社会舞台上十有八九会被边缘化，概率多发生在单亲或暴力家庭成员中。

举止怪异。表现为性格孤僻不合群，对工作、生活上的大事情不感兴趣，却喜欢在一些鸡毛蒜皮的小事情上追求完美。喜欢到幽暗处发呆，时常一个人在人烟稀少或旷野中漫无目的地闲逛。夜晚单人游走，有时竟做出一些让人匪夷所思的事情来（如恶意偏爱某种小动物）。这种人一般或受过重大挫折，或受过超负荷的打压，举止行为失常失态。

爱慕虚荣。其表现为把所谓"面子"置于头顶，取得一点儿成就便到处吹嘘显摆膨胀，期盼大家认可赞赏；有了失误和缺陷则捂着盖着，生怕别人知道瞧不起自己。在光鲜亮丽的外表下，隐藏着一颗极度虚荣卑微之心，时常使自己处于进退维谷的尴尬境地。这种不切实际的做人处世方式，一朝水落石出露出真容，要么极力伪装，继续"装相"，要么羞于见人，一蹶不振。

性情暴躁。随着社会竞争压力加大和生活节奏加快,心浮气躁的人越来越多,他们稍不如意就大动肝火,在公交上、地铁车上不慎被人踩了脚,人家道歉说一声"对不起"已足矣,但依然不依不饶,上去就爆粗口,甚至拳脚相加大打出手。另外还有些人,你催他加快工作进度,他跟你急躁甩脸子;你无意间说话办事伤了他的面子,他会暴躁骂人;你若在背后议论评价他是非,他会暴跳如雷,甚至与你拼命。有这种"心魔"的人,到头来伤害的不仅是自己,还有家庭和亲人,最后可能变成人人讨厌、避之唯恐不及的孤家寡人,很难在社会上立足。

欲望太盛。每个人都有欲望,如钱欲、性欲、情欲、权欲、名欲等,如任这些欲望在内心深处疯狂生长,就会被"心魔"控制,欲罢不能甚至铤而走险。此时善人转变成了恶人,可能干出抢劫、投毒、放火、诈骗、杀人等罪恶勾当,人生由此偏航出轨,折戟沉沙。

顽固偏执。表现为固执己见,不知变通,只相信自己看到的、想到的是唯一正确的东西,不听任何人劝解劝说,顽固坚持"一条道跑到黑",不撞南墙绝不回头;有时撞得头破血流仍然认为自己是对的,错在墙挡住了自己的去路。这种明知不可为偏要为之,明知不属于自己的东西却拼命强求欲得，其结局可想而知。我表哥的一个儿子是个"学霸"，考上复旦大学后结识了同窗女友。女友本科毕业考入北大读研究生，他便追随到北京找了份工作，为女友支付生活费用并陪读。女友毕业出国前提出分手，他偏执地认为女友欺骗了自己，遂选择爬上十八层高楼一跳殉情。他父母痛不欲生，自责培养了个高分无能的"傻瓜"。

以上种种行为表现，都是"心魔"作祟阻碍人成长成熟的绊脚石。前面讲过"心魔"人人有，只是轻重程度不同而已。其缘皆由我们对某人某事过于偏执，所产生的欲望又难以达成，最后凝结成"心魔"，发展到极为严重程度时，就成为老百姓说的"魔怔"，发展成抑郁症乃至精神分裂症。但是，有了"心魔"并不可怕，它完全可以矫正修复。"心魔"可由情境突然产生且一直存于心内，它有隐匿吞噬人健康成长的一面，又有历练人助其成长的另一面。每个人在受挫折最生气最怨恨时，往往容易失去理智和耐心，此时隐藏在内心深处的"心魔"就会出来兴风作浪，逼迫你作出错误的决断。如果你能冷静下来保持住定力，能够驾驭它而不发作，你便能逐步成人成事成长；你若能有效转化它，把欲望调整到合情合理合法的框架内，便会催生出巨大的成长动能，无疑你已得道并登高望远了；你若能在任何纷繁复杂的局势下搞定"心魔"，自然便会开启心智之门，源源不断地感受到内在的正能量喷发，所有负面情绪无处遁形。

当然，降服"心魔"并非说起来这么简单容易，必须树立长期与"心魔"作斗争的观念，及时选用适宜的方法、管道和策略，牢牢掌控"心魔"出没的规律，切实扫清从幼稚到成熟一路成长中遇到的所有障碍，使人生航船闯过一个又一个暗礁险滩，不断向人生的终极目标破浪前行。下面，试着支几个小妙招，可以不信"广告"看"疗效"。

要学会接纳。人的一生总会碰见这样或那样烦心恼人的人和事，很容易触犯你的"心魔"发作。此时，首要的是学会接纳与面对，平心静气地按游戏规则待之处之。比如，你刚买了一辆心爱的汽车停在路边，不幸被过路车给撞坏了，你的怒火喷张，此刻你是上去打对方一顿，还是用车也撞向对方车辆一解心头之气？显然这都不是明智之举，后果也不堪设想。既然已经发生了的事，这就是你人生的劫数。你控制住即将发作的"心魔"去走保险理赔之路，才是唯一正道。类似意想不到的人和事，可能多次出现在你的人生旅程中。你应该牢记这样一句话：狗咬了人固然可气可恨，但你总不至于反过来去咬狗一口吧？学会面对现实，以合法的管道和手段处理问题，眼前的事情就会风轻云淡无足轻重，"心魔"自然也会消失隐匿。切记愤怒是祸源，冲动之举可以泄一时之愤，却伤人害己，甚至会带来永久的伤痛。

拓展认知域。人在成长中产生的"心魔"与自身的认知有直接关系，因为你心中的想法是基于读过的书、走过的路和过往工作生活经验的大致推断，你总是坚信自己看到的、认识到的东西才是唯一真实可靠的。其实，未必如此。每个人的认知都有局限性，即便你读过万卷书，行过万里路，也阅人无数，生活阅历和人生经验很丰富，仍免不了有认知的死角和盲区，有时产生"心魔"恰恰就在这个死角和盲区中。"只见树木不见森林""盲人摸象"的典故，就很说明这一点。因此，我们不要自我设限，更不能钻牛角尖认死理。许多事情并不是非此即彼，只要思维向多渠道、宽领域延伸，便会想到还有另外更多的路径可走。如果"心魔"上来搞"霸王硬上弓"，一定要"这样"，往往会把事情搞砸，使自身处于危险境地。我青年时代的一个张姓同学，周末帮老婆打理一家小餐馆时出了一身臭汗，他执意去附近水库清洗。大家都劝他别去，那里天寒水深且有杂草，不宜下水洗澡。这哥们儿凭借自己的经验，决然骑上摩托车绝尘而去，一跃跳入水库中。傍晚未归，他老婆派人去水库寻找时，他早已命丧黄泉。如果他听信身旁人建言在安全地域洗澡，悲剧就可以避免发生。

强化自信心。阻碍一个人成长的基础障碍，就是胆小怯懦、恐惧多疑，受制于负面想法，遇人遇事退避三舍。这样下去你永远没有成长成熟的磨炼机会，只会在父母和单位领导的羽翼下当"妈宝男""乖乖女"，预示着你很难长大成熟，更难以担当大任。打败你的不是困难，而是内心的恐惧。故此，必须去掉"怕"字，确立"敢"字当头的意识，当面临任务和难题时勇于说"让我试试""我能行，我还能坚持""我快完成指标任务了"。如此几个回合下来，你就会深刻感悟到"下定决心，不怕牺牲，排除万难，去争取胜利"带来的巨大精神力量，你也不会再在所谓的困难面前低头弯腰、止步不前了。许多人读过《小马过河》的故事：小马来到河边，遇到老牛说"水浅"，碰到松鼠说"水深"淹死过同伴，小马犹豫再三跑回家问妈妈"能不能过河"。小马在妈妈鼓励下，便在"试一试"中顺利抵达对岸，同时收获了"实践出真知"的喜悦。又如，每个婴幼儿从会爬到会跑，不知摔倒过多少次又爬起来。假若大人心疼孩子不让他跌跤，他便永远站立不起来，更别说奔跑了。消除个人成长中恐惧害怕的"心魔"，就是要亲知身知真知，方能在不怕摔倒不惧失败中锻炼成长，走向成熟。

融入群体中。人是群居性动物，人生的价值大都是在与他人的互动和协同下实现的。有孤独自闭倾向的人应主动与他人沟通交流，多参与集体活动去感受团队的温暖和力量，能够容忍和谅解别人在兴趣爱好、价值取向、生活习性等方面的差异，尽量避免与大众格格不入形同"另类"，以致陷入孤立孤独状态不能自拔。对于多疑善变、举止异常之人，亲朋好友要主动关怀关心关爱，帮助其缓解困难和挫折造成的情感障碍和情绪波动，用亲情、友情和爱情的力量帮助其驱走"心魔"。我的一个发小儿辛辛苦苦积攒了三四十万元，不料想与人合伙投资被骗打了水漂，想从县城买房的梦想随之破灭，他寻死觅活离家出走。当亲人们把他找回家后，兄弟姐妹纷纷劝说并表示各出五万元资助买房。他媳妇拉住他的手说道："钱是身外之物，只要身体好好的，钱没了可以再赚。再说了，现在这套房子（农村）住着不也挺好嘛！"一语点醒梦中人，于是他又恢复了生活的常态。

坚持不计较。人的内耗和困扰，多数源于爱攀比、太计较，总认为自己吃亏了，似乎全世界谁都亏欠自己，整天闷闷不乐发无名火。如有的人认为自己能力强、贡献大，却没遇到真伯乐提拔使用；有的人感觉自己付出最多，然而得到的却很少；有的人听信谗言，误以为小人捣乱，使自己的愿望落空，从此怀恨在心；还有的始终认为自己帮助别人很多，他人却不知回报，甚至过河拆桥，等等。每天生活在怨气和情绪的阴霾里，"心魔"自然会出来作怪，搅得你心神不宁。这就要求我们调整视角推人及己，保持积极健康的良好心态，把"上善若水"作为座右铭，真正像水一样滋润万物，而不与万物相争。在日常言行中自觉践行老子在《道德经》中倡导的"居善地，心善渊，与善仁，言善信，正善治，事善能，动善时"（第七章），进而达到"夫唯不争，故天下莫能与之争"（第二十二章）的新高地，不仅能够避免许多无谓的争斗和矛盾，"心结"也随之解开了。

豁达处人事。人在世间行走，什么样的烂人烂事都可能碰到摊上，你的第一反应就该选择远离和回避，而不是与之对垒并针锋相对，以免影响、耽搁自己的人生行程。世上从来没有绝对的事物，所谓对与错、好与坏、高与低、苦与乐、荣与辱都是相对而言的，不必偏执追逐、惴惴于心，要有宽广深远的眼界、拿得起又放得下的胸怀和格局，不让外界的纷扰乱了自己的心性和方寸。对于一时难解的问题和困难，可以放一放，"冷处理"，等时机成熟了，可能会迎刃而解；对于不堪重负的包袱，可以先卸下来，等积攒了足够大的力量，可能会变成举手之劳的小事；对于别人的无端指责、误解、慢待，可以不予理睬，专注于做好自己的人和事，时间久了清浊自明。总之，无论遇到多么糟心窝火的事情，都要坚信天塌不下来，明天的太阳照例会从东方升起，我依然还是那个不改初心、砥砺奋进的我。如此这般，没有什么人什么事会把你击倒，心中的恶魔也就失去了隐匿藏身之所。

在这里特别要提示列位的是，普通人在成长过程中容易有"心魔"挡路，一些功成名就之人同样难逃"心魔"的纠缠。据研究资料显示，全国各大高校的莘莘学子中，跳楼事件频发；自20世纪80年代以来，我国有一千两百多位企业家自杀身亡。在中国历史上，因"心魔"作怪而成为暴君的更不乏其人。如夏朝君主夏桀，商纣王帝辛，隋炀帝杨广，还有那个大明朝开国皇帝朱元璋坐上龙椅后，晚年被焦虑与多疑笼罩，患上了精神衰弱抑郁症，导致滥杀无辜，由仁君变成了典型的暴君。成功，有时意味着更多更大的焦虑。因此，成功人士更应学会防范"心魔"作祟，注意变压力为动力，学会借用众人的智慧化解个人的焦虑，避免发生前功尽弃、身心俱毁的可悲局面。

《黄帝内经》讲："正气存内，邪不可干。"破除"心魔"同样要依靠正心、正念，以正能量驱除之。你若达到了李白、苏轼、陶渊明那样宠辱不惊、豁达大度的境界，那么无论遇到什么恶人、碰到什么挠头事，都阻挡不住你勇毅前行的脚步。

学会情绪管理便是人生赢家

我曾在以前出版的《人生絮语》一书中,专门谈过性格对人生的影响,并断言"性格决定命运"。因为所谓性格,性即性情,格即是格局。一个有温雅适中性格的智者,一定会有开挂的人生走势。相反,性格执拗、暴躁或软弱、怯懦之人,肯定会有不堪的结局。

最近,我结合本人和他人众多案例,反复回忆、琢磨、思考,除了性格对人生影响持久且较大外,还有一个很重要的东西一直在左右着一个人命运的起落浮沉,那便是情绪。性格与情绪有直接关联,也有许多相似之处,一些人往往把两者混淆起来,其实并不兼容。可以说,性格决定情绪走向,而情绪则会潜移默化地改变塑造性格。至此我终于明白,情绪才关乎幸福指数。

关于情绪的定义,少说也有几十种。我比较倾向认为，情绪是个体对外部事物刺激的一种态度和即时的心理行为反映。它由主观体验、生理唤醒和外部行为三要素构成。情绪又分为积极情绪如欣喜、愉快、乐观等，消极情绪如恐惧、悲伤、愤怒等，基本情绪如好奇、害羞、自省等类型。一个人的性格具有相对的稳定性，也很难说哪类性格好与坏，因其各有长短利弊。情绪则不然，它无处不在，无时不有，具有即时性和易变性。一个人一天之内遇到了不同的人和事，可能会产生不同或截然相反的情绪变化。上午碰到一件好事，可能会喜笑颜开、兴高采烈，有的人甚至会手舞足蹈；但下午遇到一件堵心的事或与人发生矛盾冲突大吵了一架，马上会神情沮丧，甚至会窝一肚子火气。从这个层面上讲，情绪天天、月月、年年如影随形，无时无刻不在裹挟着每个人的心情好坏和做人做事的态度。因此，我们必须用心认识它、研究它、掌控它，使自己不再做情绪的奴隶和仆人。

尼采曾说："如果情绪总是处于失控状态，就会被感情牵着鼻子走，丧失自由。"而窃以为，不稳定的情绪，特别是经常处于情绪失控状态，容易丧失理智，最终害人又伤己。下面，着重谈谈常见的积极情绪与消极情绪（亦称负面情绪）的表现，以及它们对人生命运的影响与制约。

积极情绪是指由于体内外刺激、事件满足个体需求而产生的伴有愉悦感受的情绪。它能使人直接表现出快乐、兴奋、满足和爱，也引发一系列生理变化，如多巴胺、内啡肽和血清素分泌量明显增多，这有利于与他人沟通交流，建立比较和谐顺畅的人际关系；有利于乐观豁达地做人处世，提升创造性解决矛盾和问题的能力；有利于身心健康，以至延年益寿。可以说，积极乐观的情绪肯定好处多多，不一而足。有人说"积极情绪造就幸福人生"，这话有一定的道理。但就同任何事物都有两面性一样，过于积极的情绪，使人长期处于比较亢奋的状态，对于潜在的问题和危险，明显缺乏深刻体察和细致的感知，即便已经处于较危险的境地，也全然不在乎不当回事，任其发生发展，也可能会酿成预想不到的悲剧。我有一个近亲属长辈，身体素质很好，酒量很大，自称"王一瓶"（白酒），退休前从未住过一次医院。退休后，虽说酒量减半，但退而不休，带过外孙带亲孙，各种社交活动频繁，拒绝年度组织的体检，自称"身体很棒"没毛病。步入古稀之年，时常感觉胸闷背痛，他仍满不在乎，总是吃两片药了事。七十三岁那年夏天的一个中午，他又感到胸闷便吃了点儿药，顿时大汗淋漓，一屁股坐在沙发上。家人急忙打120急救中心，医生二十分钟赶到时，他已没了呼吸和血压，确诊为急性心肌梗死。另有一位东北的朋友，闻知自己被提为副厅级领导干部的命令下来了，还没等宣布任命，便迫不及待地招集几个老友提前喝酒祝贺。谁知酒席未散，他便一命呜呼，正所谓乐极生悲！当我们拥有积极情绪过量、存续时间过长时，它就会让人处于一种没警觉的亢奋状态。像这种积极情绪过了头而发生不测事件的，在日常生活中不乏其例。另外，当我们长期被积极情绪包裹，心中始终洋溢着幸福快乐和自信，一旦遇到不确定或已相对固化的情景被打破时，有些人便会感觉失控，甚至烦躁抓狂，心里默然"不该这样啊"，进而转入负面情绪。这是我们每个人在保持积极情绪状态时，必须格外注意警觉的"硬币的另一面"。

消极情绪通常是指由内因或外因引发而产生的不利于自身生存发展、阻碍个人某种愿望达成和目标实现的情感，其与积极情绪相反。这种负面情绪，使人对自身、他人或特定情境产生消极评估和情感反馈，是任何人无法避免发生的应急情绪反应的一个重要方面。一般表现为恐惧、悲伤、愤怒、痛苦、焦虑、羞耻、孤独、埋怨、嫉妒等心理行为特征，多发于对事物比较敏感的人群。人们一旦陷入消极情绪之中，往往向两个方向进一步发展：一个是对外发起攻击，看谁都不顺眼，都认作潜在的对手和"敌人"，无端地发火耍脾气，拒绝与人合作，成了别人眼中"不可理喻之人"；另一个则是向内即向自己发起攻击，深深地自责、悔恨、焦虑、失望，进而生闷气、摔东西，严重时可发展为抑郁症或狂躁症。

苏联生理学家巴甫洛夫认为："忧愁、焦虑和悲观可以使人得病；积极愉快和坚强的意志、乐观的情绪可以战胜疾病，可以使人强壮和长寿。"我国的中医经典《黄帝内经·素问》上讲"喜伤心，怒伤肝，忧伤肺，思伤脾，恐伤肾"。现代医学进一步证实，坏情绪容易引起和加重胃病、皮肤病、心血管病和内分泌失调患甲状腺疾病等。这些，仅仅是从健康的角度论证了情绪对身体的危害，其实人若长期被消极的负面情绪所控制，凡事不往好的方面去想去努力，如同大冬天生活在冰洞里，没有温暖和阳光，必然自暴自弃乃至悲观厌世，轻则影响工作、学习和日常生活，累及婚姻家庭，重则给他人和社会造成危害，并祸及自身性命。社会上经常发生的一些极端案例，都是深陷负面情绪不能自拔的结果。譬如，2009年6月成都市曾发生的公交车纵火案，造成二十七人当场死亡；2018年10月，重庆公交车上女乘客情绪激动用手机殴打司机，导致肇事者和所有同乘人员共计十五人全部遇难。可见，情绪不受理智管控，其祸患猛如虎，结果是害人又害己。

消极情绪的危害显而易见，但遭遇重大人生变故遂产生负面情绪几乎无法避免，能做的就是控制其裂变和无限度扩张。况且，这些重大的人生变故也有不可忽略的正面作用及价值。一个是它有预警作用，能够感知自己遇到难题和难解的疙瘩了；另一个是当被逼到死胡同时，人一定会绞尽脑汁去想突围和转身重启的方法策略。比如，一个人青少年时期突遇父亲亡故，精神和生活支柱倒了，肯定伤心至极，悲痛欲绝。熬过了一段阴郁的日子，反复思忖则会得出结论：生活还得继续，于是重新振作起来，勇敢地扛起生活的重担。

人都会有情绪，无论是积极情绪还是消极情绪，都是人生过程中躲不开绕不过的正常情绪反映，两者之间时常并存或交错，有时又捆结在一起，就是人们常说的喜忧参半。认识到这一点之后，接下来要做的就是学会管理情绪，适度控制情绪，让情绪为自己的身心健康和命运之轮注入满满的正能量。千万别像吴三桂那样"冲冠一怒为红颜"，降清并引领清军入关杀入北京城，不仅改写了个人的人生轨迹，也改变了历史发展的脉络，再次导致生灵涂炭。成熟者的标配应该是：控得住情绪，稳得住脾气。

情绪稳定，无疑是成年人最好的修行。新西兰心理健康咨询师桑顿认为，一切有害情绪，皆可得到治愈。他把自己的经历经验和认知分享在了《情绪处方》一书中，我们尽可借用"他山之石"，清扫负面情绪影响之迷雾。同时，关于如何做好情绪管理，不妨试用以下几个小妙招：

其一，控住情绪。当你感觉有了不当（无论积极或消极）情绪时，首先应该冷静下来，审视自己究竟遇到了什么问题，发生了什么事情，不要急于表态做动作，更不可喜怒无常立即宣泄情绪。即便当众受辱，亦要沉住气，不可动怒动粗。

其二，调整心态。及时梳理所遇到的矛盾和困难，明晰是自身原因还是外部因素所致，确认依靠自身力量还是需要借助外力才能解决，切不可凡事以自我为中心，一切都是别人的错，牢骚满腹，怨天怨地怨空气，惹人反感生厌。要记住，努力使自己心智成熟起来，遇事不慌张，不忙乱，不恐惧，不轻生。

其三，转换环境。对于一时解决不了的较大困难和难题，可以暂时放下，没必要"压力山大"，焦虑过度，待时机成熟，难题也可能迎刃而解；对于激烈对抗的人事冲突，可以暂时回避，脱离现场，以免冲突加剧，造成无法收拾的局面。这样"冷"处理问题，不着急上火，可以有效避免情急出错出乱，更有利于问题和冲突的妥善圆满解决。

其四，自我疗伤。当你伤心至极、心烦意乱时，可以到健身房打沙袋，到旷野无人处狂吼乱叫，把内心的愤懑宣泄出来；可以放下手头的事情，登高山以览众山之小，观沧海乃见其纳百川之博大，憋屈和苦恼会随之消散许多，大事也成了小事；也可以写博客、日记和备忘录，把坏情绪和心事表达出来，也许会甩掉心中的负荷而变得轻盈自在起来。

其五，找寻快乐。有人说，快乐始终是治愈负面情绪的灵丹妙药。当你愁肠百结、闷闷不乐、郁郁寡欢时，可以选择一两项热衷的运动项目放松自己、忘却烦恼，可以邀一两个知己朋友酌一壶小酒，谈天说地诉衷肠，也可以提前备一份钟爱的礼物，情绪低落时打开它,让好心情冲刷掉坏情绪。人的一生谁也无法预知祸福,唯一能做的就是坚信"祸福相倚","失之东隅,收之桑榆"。永远不悲观不萎靡,保持乐观向上、不畏挫败的好情绪。

其六,少受外累。为人处世要有自己的标准和边界,别受他人情绪感染被带偏了节奏,左右了自己的情绪。当你将别人的喜怒哀乐看得等同甚至超过自己时,就会为他人的负能量买单。要果断屏蔽掉那些只会撩拨你焦虑情绪的人和事,不掺和、纠缠于烂人烂事之中,专注过好自己的生活。

其七,辅助治疗。当发现有明显的抑郁焦虑、疑心狂躁等症状时,及时请心理医生疏导,并辅之以药物治疗;当症状进一步恶化时,宜采用住院治疗手段,坚持心理和生理疾患一起根治。

杨绛先生曾说过:"人间没有单纯的快乐,快乐总夹带着烦恼和忧虑。"每个人的一生都不可能一帆风顺,总有难捱的时光。工作的不如意,生活的重压,孩子的扯绊,疾病的折磨,常常使人身心疲惫、痛不欲生。当你咬牙坚持挺过来了,看到的将会是柳暗花明;如若这种磨难日久,也要学会与痛苦握手言和,绝不可自暴自弃。大家熟知南非黑人领袖曼德拉的故事,他为反对种族隔离,曾度过了二十七年的铁窗生涯。在顺利当选南非总统的就职仪式上,他不无感慨地说:"能够接待这么多尊贵的客人,我深感荣幸。更让我高兴的是,当年陪伴我在罗本岛度过艰难岁月的三位狱警也来到了现场。"随即,他对当年百般虐待他的三位狱警逐一拥抱,并继续说道:"我年轻时性子急脾气暴,在狱中,正是在他们三位的帮助下,我才学会了控制情绪……""我已经清楚,如果自己不能把悲伤和怨恨留在身后,那么我其实仍在狱中。"这就是这位惊世骇俗的黑人领袖留给世人的人生箴言和深切感悟。他的传奇经历不能不引发我们对不同人生境遇下,究竟该持什么情绪和态度去生活的诸多思考。

由此,我的脑海中不禁浮现出曾经的中国女排主教练袁伟民那每临大事有静气,在危急时刻依然保持沉稳坚毅的面容和眼神。在20世纪80年代初,在世界"三大球"(篮球、足球、排球)赛事上,中国从未拿过前三名。中国女排经过袁伟民一番苦心打造淬炼,历史性地实现了三大赛事"三连冠"。在那征尘漫漫的赛场风云变幻中,女排姑娘有几次都是在先失两局的情况下实现逆袭。最让人揪心的是,有两次在决胜局比赛中,对方快拿到赛点了,外国教练急得在场

边又喊又叫又跺脚,而袁"大帅"镇定自若,纹丝不动,姑娘们回望了一眼主教练,随之不急不躁一分一分地追,直至一球封神登顶。多少年后我还在想:袁伟民的大将风度和情绪操控,给予女排姑娘多少自信、多大的精神力量啊!如若他像外国教练一样手足无措,狂喊乱叫,又会是怎样一种结局呢?

一个情绪化十足的人，肯定不招人待见，也容易丧失凝聚力、号召力和人格魅力。因此，诸葛亮曾劝诫手下将领管理好自己的情绪，做到"忿而不怒，忧而不惧，悦而不喜"。意思是说坚持做到愤怒而不至失控，忧愁而不陷入内耗，喜悦而不得意忘形。一个人情绪适度，才不至于伤人伤己、误入歧途。时至今日，这些做人处世的基本准则，仍具有很强的示范教育意义和借鉴价值。

一个人的顶级修养，则是情绪稳定。稳定的情绪像涓涓细流，滋润万物而不争；如若失控则像咆哮的波涛巨浪，瞬间可冲毁一切，毁坏人生的幸福感乃至身心健康。如此说来，开启人生之旅首要的是稳住心神、稳控情绪，无论遇到天大的喜事，抑或遭遇不堪和磨难，都要做到不狂喜、不暴怒、不乱发脾气，宠辱不惊、淡定从容、处之泰然地应对各种复杂多变的局面。如果你想成为人生赢家，那就请从管理自己的情绪开始吧！

学懂人情世故而不圆滑世故

一个人学懂弄通了人情世故，犹如祥云普照，处处遇到贵人，一路畅通无阻，直达一个又一个人生驿站。如若你懵懵懂懂，则会跌跌撞撞到处碰壁，事事不顺心不如意，到头来还不知道自己错在何处。所谓人情世故，其实就是为人处世的道理、经验和技巧。

"世事洞明皆学问，人情练达即文章。"这是《红楼梦》宁府上的一副对联。生性厌恶仕途经济的贾宝玉看到此联极为反感，扭头便走，这也预示着他此后的人生之路必定"超凡脱俗"，另辟蹊径。反倒是大字不识几个的刘姥姥，虽不一定明白对联的深刻含义，但她识相、知趣、善于机变还重情重义，去贾府还不忘带些上好的瓜果蔬菜回赠，深得贾母一干人的怜爱和欢心。她活得胜过许多比她有地位有知识的人，说明她在社会这所大学校里，一步一步悟透了人情世故的真谛。世事人情是人生不可逾越的一道门槛,"世事洞明"体现的是"智商","人情练达"隐含的是"情商",它与书本知识同等重要。你想,一个人把世间的事务机理处处参透了,那是多大的学问哪!如果再把人情世故悟透了,前程一定不可限量。此生无论再遇到什么样的问题和困难,都会胸有成竹地拿出破解的方案和计策。我打心眼里佩服类似刘姥姥这些人,他们虽然文化程度不高却十分练达,在社会上与各路人物打交道都能应对自如,混得顺风顺水。

"江湖不是打打杀杀,那是人情世故!"这是外粗内细的东北枭雄张作霖声嘶力竭训导儿子张学良的一句经典台词。他在告诫儿子面对复杂局势时,应虑事周全,应对有术,不能凭意气用事,莽撞蛮干。电视剧《少帅》一经播出,这句台词一度引起热议。大家普遍认为,草莽出身的张作霖能坐上"东北王"的位子,的确"有两下子",对内应对晚清和北洋政府及各路反叛势力,对外对付觊觎中国领土、实力强大的日本鬼子,还栽培出一个敢于发动"西安事变"兵谏蒋介石、改写历史发展进程的"少帅"儿子,这与他深谙圆滑世故的处世之道不无关系。张作霖有匪气霸气的一面,也有通人性善机变的一面,这是他得以成事做大成"王"的重要因素。

我们在这里无意评价贾宝玉、刘姥姥、张学良和张作霖谁好谁坏、谁对谁错等是非曲直，重点在说明一个人要生存发展，离不开所处的时代背景、人生境遇和对人情世故的把控。顺之则昌，逆之则衰则亡。时至今日，作为"礼仪之邦"的中国人，生活在极其看重人情的国土上，如果你对人情世故一窍不通，不要说拓展强大事业版图，恐怕过日常生活都会举步维艰。我有一个远房亲戚的儿子，父母都是老实巴交的农民，却舍得花钱供他读书到博士毕业。当时博士生在国内炙手可热，他很快被一家热门单位录用。正当他踌躇满志准备大展宏图时，却处处受到"掣肘"而一事无成，在单位几乎成了"姥姥不疼舅舅不爱"的打杂人，心中煞是痛苦烦闷。当我受托邀他出来询问时，他和盘托出原委：当领导布置工作任务时，他积极表态"这个我来干""那个事我能行"；当单位同事组织娱乐活动或节假日小聚会时，他总是借故"不善应酬"，一个人躲在房间里去看书。久而久之，他便成为"另类"，处处不受待见。这种未经社会磨砺的"学生病"一听便知根由，我委婉地点了点"当局迷"，他豁然开悟。此后，他很快融入"工作圈""生活圈"，也得到了领导的赏识和大家的认可支持，如今他已成为独当一面的厅级领导干部。

在我的职场生涯中，也曾遇到过与博士生小伙儿类似的问题。虽说20世纪七八十年代人际关系没有那么复杂，但也有"潜规则"。那时我二十岁出头，考虑事情很单纯，认为听领导的话，多干点儿工作，既是对领导的支持，又能减轻同事的工作压力和负荷，于是拼命表现自己的能力和干劲，没想到却事与愿违，年终总结评功选先和职级晋升时，先是受到几句肯定和表扬，但最终结果总是花落"他家"。一位长我七八岁的老同志点了一句"不会为人处世，干再多也白搭"。当时，我竟一脸"蒙圈"，现在想起来多么幼稚可笑。

随着年龄的增长和阅历的增加，特别是反复在事上"磨"，我慢慢悟出了一点儿门道：真诚做人，踏实干事，仅仅是成长进步的基础要素，处理好上下左右方方面面的关系，才是开启成功之门的最后一把钥匙。在此，举两则对年轻的我有启示的小例子：一个是陪同一位北方籍领导去下属单位考核领导班子，在反馈讲评会上这位领导说："很多人反映你们这个班子不团结，这一次我搞清楚了，没有什么大的原则分歧意见，主要是一些误解。希望你们记住：班子成员有事没事常来往，大事小事勤沟通。"别说，此后这个班子再也没人反映不团结的现象了。另一个是随同一位南方籍领导下了两次基层单位。他有一个特点，记人名字特准，见一次面下次马上叫出此人的名字来，让当事人感到荣幸和温暖。吃饭时，他总是要到伙房看看炊事员聊上两句，方便时碰杯饮料或酒。下次再到这个单位检查调研，他一眼就认出此人姓甚名谁并说出相关情况。他在所属单位的口碑非常好，大家都说："那大领导官大却没有官架子，和蔼可亲，我们就爱跟这样的领导共事，心里舒坦。"学会放下身段与人平等相处，亲和友善对待属下，自然会赢得大家的尊重和爱戴。也有一个反例，那就是一位很有能力的王姓领导，见谁骂谁，唯我独尊，退休后谁都躲他老远不想再见他。看似这些都是日常工作、生活小节，却包含着人生的大智慧。

古今评价人才的标准，通常分为将才和帅才两类。所谓"将才"，就是能够独当一面、带头冲锋陷阵并能斩将夺旗、攻城拔寨的人才；所谓"帅才"，则是能够统揽全局、善于用人、运筹帷幄、决胜千里的领导人才。三国时期赤壁之战时，刘备、孙权、诸葛亮、周瑜等，显然是指挥若定的主帅和主谋帅才，而关羽、张飞、赵云、黄盖、程普、甘宁则是直接领兵作战的将才。帅才肯定比将才高一两个档次，无论是理想追求、战略眼光、谋篇布局，还是知人善任、将士信赖、万众归心方面，两者都有明显的差异。其中还有很重要的一条，就是差在"世事洞明"与"人情练达"上，将才还差"火候"；当然，经过反复淬火磨炼，将才亦可成为统率千军万马的帅才。在这里仅说一件小事，当赵云杀出曹军重围，将救出的幼主阿斗递与刘备后，让人始料不及的是刘备竟掷阿斗于地曰："为汝这孺子，几损我一员大将！"遂产生了著名的典故（歇后语）："刘备摔孩子，收买人心。"此举不仅折服了大将赵云，使其为匡扶汉室江山甘愿肝脑涂地，也促使众将士更加心甘情愿地为玄德基业尽忠效力。

无情未必真豪杰，有度方为大丈夫。翻遍中国历史，凡不谙熟人情世故之人很难取得太大的成就；即便有短暂的建树和成功，大多数很快便曲终人散。作为普通民众，可能没有更多更大的志向和追求，就算你在体制内工作，或自己经商办企业，抑或打工种地，过一般家庭小日子，都要学会弄懂为人处世之道。非此，你将会落到孤家寡人、寸步难行的地步。人情世故的"秘笈"可谓包罗万象,有些只可意会不可言传。以下几个要点似可作为参考,并在实践中不断补充完善。

礼尚往来。《礼记》有云:"礼尚往来。往而不来,非礼也;来而不往,亦非礼也。"中国人崇信礼尚往来,这不仅是礼貌和尊重,也是一种教养和习俗。无论是亲情友情爱情,还是有缘相识交往过的人,都应遵从礼尚往来的游戏规则。往而不来或来而不往,双方必定渐行渐远,最后形同陌路、割袍断义。比如,逢年过节到亲戚朋友家赴宴,记得一定不能空手吃蹭饭,有小孩儿的带去点儿水果零食,有老人的带去点儿补品,无老人孩子也应带盒茶叶带瓶酒。你请客我带东西,互不相欠,这种礼尚往来是对人起码的尊重。对在同一个单位工作的战友、工友和同事相处同样如此,人家张三、李四、王二麻子周末时常邀请你聚会小酌,你也不要认为这算什么,尽管跟着白吃白喝就是了。你这种傻"实在",可能在别人眼中就变成了"不懂事儿、太抠门儿、小家子气、不是作朋友的料",久而久之再也没人约你一起结伴玩乐,当你遇到为难着窄的事情时,大家也不愿上前帮忙助力。人与人之间的感情,需要的是相互输出、彼此慰藉,仅靠一方的输出给予,注定不会维系长久。当然,打着"礼尚往来"的幌子,行受贿行贿之实当在摒弃之列。

知恩必报。中华民族历来讲求"滴水之恩,当涌泉相报"。知恩于心,感恩于行,才不失为君子风范。这个世界上,没有谁对不起谁,只有谁欠谁的。一辈子无论是欠钱欠物欠情,都要义无反顾地返还,有能力就加倍偿还。能在危难时刻帮你的都是不可多得的贵人,能在低谷时拉你一把的都是恩人。心怀感恩,才会得到越来越多的帮助提携;知恩图报,人生之路才会越走越宽广越顺利。即使暂时无力回报,也千万不能干那些忘恩负义、过河拆桥的勾当。在这里,我们不得不说一下《三国演义》中被称

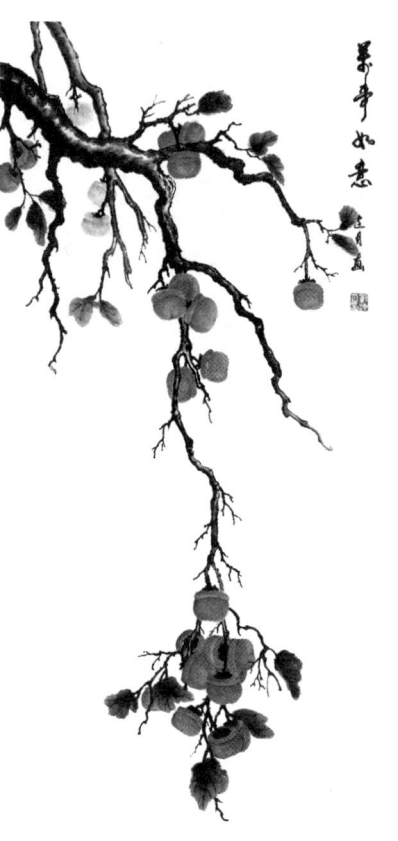

作"治世之能臣，乱世之枭雄"的曹操。此人始终以自身利益为轴心驱动，果断冷酷狡诈。当年他刺杀董卓未果，与谋士陈宫一路逃亡到曹父结拜兄弟吕伯奢家里躲起来。好心的吕叔父准备杀猪、亲自买酒款待曹侄儿，谁料生性多疑的曹阿瞒听到屋外磨刀声，拔剑将吕家男女八口人悉数杀死。陈宫发现原来磨刀为杀猪待客便大悔不已，无奈也只得继续随曹逃亡。谁知，路遇打酒返回的吕伯奢，曹又拔剑杀之，理由是怕吕叔父看到家人被杀率众追逃。陈宫怒道："知而故杀，大不义也。"遂弃曹而去。此时曹操喊出了那句人神共愤的处世名言："宁教我负天下人，休教天下人负我。"本来曹操文治武功一统北方疆域，在历史上颇有建树，因其为人不仁背弃大恩人袁绍、诛杀华佗等名医良臣部将，被小说、戏剧和民间百姓定义为"白脸奸臣""乱臣贼子"。可见，恩将仇报必遭万世唾骂。

宽厚待人。《菜根谭》中说："处世让一步为高，待人宽一分是福。"待人以宽，勿与他人斤斤计较一点儿利益得失，不与别人争你低我高，这样做虽然不能给自己带来显见的好处，甚至被视为软弱可欺，却能赢得多数人的信服和靠拢，其本身也是在给自己和子孙积德积福。大家可能都知晓康熙年间大学士张英一封家书，遂使张、叶两家化干戈为玉帛的故事吧。有一年，两家同时盖房子，因宅基地发生争执，都希望向对方地界扩充面积，互不相让。为此，张英夫人写信给京城的丈夫。张英看到家信便回复道："千里修书只为墙，让他三尺又何妨？万里长城今犹在，不见当年秦始皇。"张家人豁然醒悟，退让三尺筑墙，邻居叶家见状也主动让出三尺。从此，"六尺巷"名扬天下，巷口立牌刻有"礼让"二字。张英没有以权势压人，看似失去了一点儿宅基地，却得到了邻里和睦和乡人的拥戴。现在早已步入更文明的社会，但有些人的品德并未随之宽厚起来，而是对他人的一点儿过失不依不饶，芝麻大点儿的小利也锱铢必较，无意间的小小怨怼也睚眦必报，如此下去必然招致天怒人怨，人生的路只会越走越窄。有道是"将军额头能跑马，宰相肚里能撑船"。人活着就要有一颗宽厚待人之心，做到容言、容事、容人，才能成就宏图大业。据报载：1949年北平和平解放，傅作义见到毛泽东后惭愧地说："我有罪！"毛主席却微笑道："你有功！谢谢你，你为人民做了一件大好事！"毛泽东的胸怀和气度，使党内外各界人士，包括国民党起义和投诚官兵无不叹服。

合力共赢。《增广贤文》曰："一个篱笆三个桩，一个好汉三个帮。"一个人纵使才华横溢、能力超群，如若不善于团结志同道合的人通力协作，仅凭个人单打独斗，也很难干成大事，更无法实现自己的远大理想和目标。平民出身的刘邦之所以能成大业得天下，他自己总结说：因为我有张良运筹帷幄，萧何安邦治国，韩信领兵打仗。项羽却刚愎自用，连一个范增都容不下，岂有不败之理！有大格局大抱负之人懂得，合力共赢是"物竞天择，适者生存"的自然法则，《三国演义》中火烧赤壁，乃是刘备和孙权两个弱势集团合力共赢的杰作。如今在波谲云诡的商场上，更需要强强联合、优势互补，才能在激烈的商海竞争中立于不败之地。作为个体的人，一定要明白共赢才是强者的思维，学会融入家庭、融入社会、融入集体团队之中，发挥最大潜能，扮演好自己的角色，才可能最大限度地实现人生价值，成为一个"被需要""受欢迎""有价值"的风云人物。

学会分享。一个人活在世上，最怕的就是私心太重，推过揽功"吃独食"。学会分享是一种高尚的品质，你给予别人，别人自会知恩感恩。当取得成就时，学会推功揽过，你便收获人脉；当有共同利益时，学会主动让利，你便收获友情；当你有智力资源时，学会拉别人一同成长进步，你便收获友谊；当你腾达发迹时，学会帮别人一把，你便收获幸福。总之，你要舍得付出，像阳光带来温暖，像雨露滋润禾苗，像春风吹开花朵。成全别人就是在成就自己，切莫做"自扫门前雪，不管他人瓦上霜"的冷漠自私之人。

不卑不亢。既不低声下气，又不傲慢自大，这是与人相处交往应持的基本态度和应有风骨。但世上总有一些人喜欢趋炎附势，露骨地搞媚上欺下、欺软怕硬那一套，为世人所不齿。在职场上、社会中，这类人活得还很滋润，人模狗样地吆五喝六，但终究遭人厌弃，其结果自然是作茧自缚。敬人者，人恒敬之。修养层次越高的人，越懂得尊重他人，但又不过度崇拜；保持谦逊，但又不过于自卑；淡然自若，但又不太过清冷孤高。坚持既不攀附谁，也不蔑视谁，宠辱不惊，温润如玉，像周恩来总理那样做一个善解人意的谦谦君子，自然会受到人们的衷心爱戴和长久的怀念。

沧海桑田，世事无常。现今人情世故的范本已被改写，过去"见人说人话，见鬼说鬼话"，处事"圆滑、油滑、狡猾"，善于交际，被视为贬义词，这样的人被认作不可信不可靠之人，现在却被看作情商高、办事能力强；过去"老实敦厚""有一说一，有二说二"的人被看作忠诚可靠，现在却被定义为"榆木疙瘩"不开窍不灵光。对此，我不能也不愿苟同。在这个复杂的世界里面，对复杂多变的人际关系，我们要保持自己的初心，一方面要有敏锐的视觉和足够的警觉，防止被"鬼灵精"带到沟里、掉进"陷阱"；另一方面要保持内心的善良与纯真，始终坚守正心正念正直。请相信，世上虽有少量居心叵测、圆滑世故之徒，我们依然不能放弃对善良的信仰和对美好的追求，依然源源不断地传递温暖和正能量，在赠人玫瑰手留余香中感受生活的点滴快乐和幸福。

写罢此文，适逢惊蛰节气，预示着寒冬已经过去，窗外一派万物复苏的景象。无论外界环境和气候如何变迁，有暖阳就茁壮成长，有寒流就搭暖棚继续成长，坚信一路向真向善向阳向着美好策马驰骋，眼前定会呈现出朗月清风、情满人间的喜人景象。

莫在"棒杀"与"捧杀"中迷失自我

我们在人世间行走,肯定会遇到各式各样的人和事,如果稍不留神就会掉入陷阱,在"棒杀"与"捧杀"中迷失自我而找不到"北"的大有人在。为此,多少人曾付出了高昂的人生代价,直至别离这个世界仍在追悔莫及。

所谓"棒杀"并不是用棍棒直接把人打死,是指不停地诋毁一个人;无论他说什么做什么,一律予以指责和否定,直至摧毁其信心和意志,逼其走上自暴自弃之路。所谓"捧杀",则是指不切实际地吹捧和夸赞一个人,甚至把他的缺点和毛病也说成优点,无原则无底线地过分赞扬和吹捧,使当事人产生迷幻,感觉自己真的如夸奖的那样不同凡响而飘飘然,遂虚荣自负且盲目自大,招致他人反感和不齿,正所谓抬得越高摔得越惨。"棒杀"与"捧杀",皆是毁掉一个人最简便最有效的"大杀器"。

现在，中国社会人们普遍关注和最操心费力的莫过于孩子的教育问题。天下父母都望子成龙望女成凤，希望他们品学兼优健康成长。然而，令人遗憾的是孩子家长和学校把注意力全部聚焦在学习成绩考分儿上，忽视了孩子的心灵成长和品德教育。今年3月10日，发生在河北省邯郸的三名初中生合伙杀害同学王某的案件触目惊心，是什么样的教育让三个"小魔头"有预谋地凶残杀死同学？联想近些年接二连三暴露出的校园霸凌事件，真叫人不寒而栗。究其深层原因，抛开学校责任不说，仅就家庭一方来讲，一个是"坏孩子"多出于单亲家庭和留守儿童，主因是失管、失教、失责造成孩子心理扭曲。另一个则是"两个极端"教育孩子的结果：即笃信好孩子是夸出来的，无底线的表扬、赞美和纵容孩子，把孩子宠成了小皇帝、小公主，唯我独尊，称王称霸，离开家庭依然任性而为；与此相反，相信棍棒底下出孝子，"不打不成器"，孩子说错了话、做错了事或考试成绩不理想，出口就骂，举手便打，使孩子养成了表面服从而内心忤逆的性格，躲开了家长的视线就对社会对他人喷发内心的积怨和愤怒，做出一些出轨越格的荒唐之事。因此，废掉一个孩子的前程,"棒杀"固然可恶且不足取,"捧杀"这把软刀子更具危害性。我们许多家长含辛茹苦打着"为孩子好"的招牌,却在浑然不觉中坑了孩子,为国家和社会输送了一个又一个不近情理的危险分子。

追根溯源,一个孩子犯错乃至犯罪,我们不能简单地把责任归结为孩子本身,要仔细查找有无"棒杀"和"捧杀"的现象。即使在成年人的世界里,古往今来有多少人栽倒在这"两杀"之中,何况理智尚不健全的孩子!这样说绝不是对犯罪孩子应受的惩戒开脱。大家也许不知道,2012年12月,时任国务院副总理的王岐山访美,在晚宴上美方大力称赞其领导能力强。对此,睿智的王岐山幽默地说:你们把我捧得太高了。中国话里有一个词叫"捧杀",还有一个词叫"棒杀"。我一个朋友跟我讲,他的公司里有小青年背后议论他,说咱们这个董事长就喜欢听好话,咱们就把他捧晕,捧晕了就好办了。所以说实话,生命难以承受其捧啊!酷爱读书思考且在不同层级历练过的王岐山足够老成持重,在美国人的热捧声中保持住了应有的清醒与坚定,那世上又有多少人包括英雄好汉曾迷失过自我呀!

读史明智,鉴往知来。我们先来看一看家喻户晓的"武圣"关云长,他是如何被这三个人捧杀的。第一个是曹操,他明知关公一心投奔刘备不会留在曹营,仍然礼贤下士,赏赐有加,一副"一将难求"的面孔。这让关公产生自己非同一般人的感觉。第二个便是蜀国军师诸葛亮。当得知战将马超投奔刘备被封为左将军,关公非常不服气,欲与马超一较高下时,军师马上写信安抚吹捧:"马超凶猛过人,可谓一代俊杰,属于黥布、彭越一类,可与张飞并驾齐驱,但还不及您美髯公绝伦逸群。"关公阅后大喜,手下争相传阅,溢美吹捧之词不绝于耳。渐渐地关公在荆州属地"飘"了起来,即使孙权派人要和关公联姻,他竟傲慢地羞辱使者说:"虎女焉能嫁犬子?"此举不仅破坏了蜀吴联盟大计,也为日后关公败亡埋下了祸根。第三个就是东吴都督吕蒙。他表面上装作崇拜关公,吹捧他神勇过人,无人能敌,以此使关羽放下了防范心理。但当关公领兵攻打曹魏襄樊城时,吕蒙"白衣渡江",带兵趁机偷袭荆州,使关公这位旷世之战神留下了"大意失荆州""走麦城"的人生悲剧,最终兵败被俘杀,让无数后人唏嘘不已。

再讲一个我亲身经历的事例。早些年我认识一位奋发有为的县委书记,此人事业心极强,才干出类拔萃，精力旺盛过人。他一上任便大干快上，修公路、改河堤、助企业、惠民生，一套组合拳打下来，几年时间就让该县面貌大变样，使经济发展长期滞后的山区小县跻身繁荣发展的强县行列。一时间县城内外一片叫好声，就连退休的老干部老领导也发短信写诗歌，称赞表扬县委书记居功至伟。实事求是地说，这个县的发展变化与这位能干的书记密不可分，的确也应当肯定和称颂。但据我的经验判断，这样网上网下热炒对书记本人不一定是好事。在一次偶遇中，我与这位好友书记讲，应该降降温，这样热捧下去可能带来负面影响。他面有不悦地说道："说你好话，哪怕歌功颂德总比贬损你、说你坏话强吧？"对此我无言以对，但这件事并没有影响我们之间的友谊，我至今依然很佩服这位书记的魄力和才干。客观地说，以他的敬业精神和能力水平，当个市长乃至省部级领导干部绝对匹配。十分惋惜的是他调任后在仕途上再没有前进一步，其中的缘由不得而知，我猜想是否与古人说的"十分红处易成灰"有关呢？在仕途上有人捧你就会有人踩你，唯有韬光养晦低调行事，方可规避暗箭和陷阱所伤。

  我们从人的本性和内心感受层面讲，谁会反感别人夸赞褒扬自己呢?"忽悠"有时是一把杀人不见血的刀。君不见,现在社会上的高知"剩女"越来越多。三四十岁大龄未婚女青年逐年增加,愁坏了老爹老妈也无可奈何,其成因固然复杂多样,但被捧晕了,自视甚高者占很大比例。一些二十多岁的适婚女青年往往被人夸赞:"以你这样家境生活优越、青春靓丽、有学历又有知识的条件,随便挑选'白马王子'不在话下!"诸多原本条件确实不错的女青年心里乐开了花,心想以我这样才貌双全又不差钱的条件,还愁找不到好男人。这些被社会氛围洗了脑的女性,迷恋地自认为是真正的"女神"了,男青年应该围着自己转。可事实却狠狠地打了脸,大多数女青年也曾有过三两个男青年试图与之交好牵手,都被她们冷傲的眼神吓退了。一来二去,一拖再拖,三四十岁了,仍未遇到"白马王子"眷顾,形影相吊中大骂男人有眼无珠不识货。坚持自己的高标准无可厚非,但要明白"高处不胜寒"哪,长此以往,只能待字闺中。其实,找对象结婚无须设置许多硬性的条条框框,只要对方有责任感、上进心且通情达理,就可以纳入选择范围。年轻漂亮又有才华和稳定收入的女生们该醒醒了,当下该考虑的不是拥有多少潜在的追求者,而是当过了青春不再的黄金年龄段,还能否找到志同道合的人生伴侣,能够拥有怎样的生活条件和生活水平,切莫在社会上网络中的设局"捧杀"和他人的恭维赞美中失去本真。"寄语闺中娘,颜色不常好。"(唐·晁采《子夜歌》)青春不可能再来,生活还得自己一天一天过。

当局者迷,旁观者清。在职场和现实生活中,当一个人被抬得很高、捧得很热,受到言过其实的称赞时,如同打了麻醉剂一样很舒适,亦如吃了迷幻药飘飘欲仙,有一种舍我其谁的豪迈感,其实你已经踏入"危险区"。如果你继续乐此不疲地享受这种荣光,离那句古话"抬得高摔得重"已经很近了!世上有不计其数的智者能人都摔死在"捧杀"的路上,至死都没弄明白因何而死。我很欣赏酷爱读书的农家子弟、东方甄选骨干成员董宇辉,这个充满奋斗和拼搏印记的快乐大男孩儿,始终知道自己从哪里来、现在何处、去往何方。当发生东方甄选小作文事件后,有人挑拨离间让他离开,有人出资上亿挖他另起炉灶。他权衡再三,毅然决定留在甄选历练。他明白自己是怎么"火"起来的,自己的价值在哪里,自己的短板和弱项是什么。一个涉世并不太深的年轻人有如此定力,与他的出生背景、坎坷路程和心怀感恩有很大关系。我们应该从董宇辉的故事中读懂，不被眼前的名利和热捧所惑，专心致志做自己擅长且想要做的事业，一定会有光明灿烂的未来。

"捧杀"害人，"棒杀"足以害命。"棒杀"往往是家长、老师、上司和学习工作生活圈中的霸凌者对弱势者冷嘲热讽、打击谩骂、指责惩罚，甚至直接使用暴力手段进行人身攻击。身处社会底层的弱势人群常常成为"棒杀"的对象，其缺点和错误被无限放大，肆意抹黑、诋毁、打击，有时则是鸡蛋里挑骨头找碴儿寻衅，弄得被"棒杀"者无所适从，要么忍气吞声，憋屈地活在当下，要么果断改道易辙另谋出路，令人痛心的是极少数人选择了自杀。当然，还有人采取极端方式暴力反抗，其结果自然是相互伤害。

对自己有清醒的认知，对他人保持足够的良善，是做人基本的品行。"棒杀"者恃强凌弱，依赖权势地位和资源欺辱同类，可能得到一时的霸王威风和快意，抑或收割一点儿利益，但迟早会遭报应。被"棒杀"者身份卑微，有苦难诉，有冤难伸，如果采取不恰当的方法反抗压迫，同样会葬送人生命运。以前讲过《三国演义》中蜀汉"五虎上将"之一的张飞为何被部下所杀，因其爱敬君子而不恤小人，领兵暴而无恩，经常酒醉后鞭打属下兵士。当其准备挂孝伐吴为关羽报仇时，逼迫属下张达、范疆去完成不可能完成的任务。张、范请求宽限时日，遂被各"鞭背五十"，强令"若违了限，即杀汝二人示众"。两人商议后趁夜黑摸入张飞营帐，将其斩首献给东吴孙权。这个"当阳桥上一声吼，喝退曹操百万兵"的大英雄，竟然惨死在他施暴"棒杀"的亲信手中，不能不叫人扼腕叹息。在职场中，领导管理层读之悟之，能不能改变一下对企业员工、服务人员、快递小哥等弱势群体的态度呢？从一定意义上讲，居于强势地位的领导者对待属下的态度决定着下属人员的忠诚度和归属感。一味地挖苦、贬损、责罚和打压他人，必然招致对方的怨恨和反抗。一个人最大的清醒不仅是看透他人，更重要的是认清自己，知道自己是什么德性，有多大能耐本事，值几斤几两，想要过怎样的生活。这些问题搞明白了，无论遇到怎样的境遇，都会不卑不亢地从容面对。最近我看了很多有关明代大思想家、教育家王阳明的著作和有关经历，对他的学术成就敬佩之余，更对他颠沛流离的人生轨迹心生感慨。他在人生起伏中保持一颗平常心，在挫败打击中无惧无悔，在艰难困境中学会自得其乐，在人生纷争中选择大度包容，在利益纠葛中保持不争不抢。他用一生的所作所为践行了临终前的遗言:"此心光明,亦复何言!"这样的人生,足以照亮我们前行的道路,同时也教会了我们在"棒杀"与"捧杀"中应持的态度和做法。

此时此刻,我突然想起毛泽东在《水调歌头·游泳》中的两句话:"不管风吹浪打,胜似闲庭信步。"我们无论面对"棒杀"还是"捧杀",关键是自己不要轻易迷失方向,既不高估自己,也不看轻自己,不做"棒杀"者和"捧杀"者,更不能稀里糊涂地被别人"棒杀"或"捧杀"。当一个人真正洞悉了自己且保持住应有的定力,一手拿着橄榄枝以求和平友善,一手拿着利剑免被他人伤害,便可坦然行进在人生的大道上,任何"棒杀"与"捧杀"都会与你"绝缘"。

记住人性经不住试探与检验

记得小时候在乡下生活,村里的百姓经常说哪家哪个人的人性不好,让我们离远点儿。当时不谙世事,拎不清人性是个啥东西,唯有对那些上了"花名册"的人家避而远之。年过花甲之后,初步搞清了人性的根脉和对人生的影响,至今后悔开悟太晚。

按新版《现代汉语词典》释义,人性是"在一定的社会制度和一定的历史条件下形成的人的本性"。本性亦可称作本能,它是支配人的行为的最大驱动力之一。对此,每个人理解其内涵却都不一样,有的说是人类普遍具有的心理需求或性格特征;也有少数人认为,人性就是利己排他。有的学者解释说,人性的本质就是生存和繁衍,无所谓善与恶。若要给人性下一个简约而又人人认同的定义很难,但在现实生活中确能感受到人性所带来的创伤与温暖。

关于人性到底善与恶的问题，已经争论了上千年仍无定论，恐怕此题永远无解。孟子最早提出："人性之善也，犹水之就下也。人无有不善，水无有不下"（《孟子·告子上》）。随后荀子提出"性恶论"。他指出："不可学、不可事而在人者，谓之性；可学而能、可事而成之在人者，谓之伪。"（《荀子》卷第十七《性恶篇》）意思是说，"性"是天生的恶，但能通过后天学习改造成好人。其实，人之初，特别是在婴幼儿阶段是单纯的、可爱的、善良的，称之为"赤子之心"。但随着年龄阅历的增长，人的劣根性才逐渐展示出"坏"来。不过，可以通过家庭、学校和社会教育改造，加之个人自省和努力，绝大多数人"迷途知返"，完全可以改造成有良知的好人。

大家辩论人性善与恶，其实并没有太大的现实意义，因为人性本身就是善恶共存的矛盾体。正如西方有句谚语所说，人的一半是天使，一半是恶魔。人们为了生存和满足各种欲望，有的选择通过合法合理合规的方法和手段获取，而有的则唯利是图，不择手段，两者区别在于利己方式上有很大的不同，于是便有了善与恶的分野。利己与利他两个本能相互依存，对立统一。我们之所以关注人性、研究人性，其目的是运用好人性，即最大限度地激发人性中善良的一面，千方百计压制和限制人性中"魔鬼"的一面，以防范其作恶多端。2024年发生在莫斯科音乐厅"3·22恐怖袭击事件"，四名恐怖分子堪称魔鬼，持枪直接射杀了一百四十多人，并造成三百八十多人受伤。无论其背后受哪国哪个组织唆使，罪犯作案的直接动因，仍旧是为了高额酬金而滥杀无辜。对这种泯灭人性良知的极端分子，必须严惩不贷，以儆效尤。否则，恐怖事件还会在世界各地频发。据查，这四个魔鬼均出身社会底层，原本也并非劣迹斑斑，却在利益的诱惑下竟干出这等为人类所不齿的罪恶勾当，不由得对人性的善变和"恶"产生新的认知。我们对此也不必惊讶，因为人性并非固化不变，而是随着社会环境的改变和个人不同的成长经历而不断发生改变的，所不同的只不过是人性变好与变坏罢了。

如果把下雨的权力交给一个卖伞的人，你认为还有晴天吗？这是对人性最直接的拷问。人性的总体特征具有利己主义倾向，首先追求满足身体感官的基本需求。《礼记》中引述孔子的话："饮食男女，人之大欲存焉。"可见，从古到今人类都在为衣食住行和男欢女爱等基本生存不停地奔波劳碌，遂产生了贪婪、自私、嫉妒等，也就是佛家讲的贪、嗔、痴。说白了这也是人与动物共有的本能，简称"肉欲"。所不同的是，人除了具有动物本能即生物属性一面，还有精神属性和社会属性，通过人类文明进化和教化，使人又产生了灵性（认知）和良心（道德），这也是人与动物最显著的区别之一。我们过去都看过央视播放的《动物世界》，在狮群里通过打斗产生新的狮王后，先是驱赶走老狮王，继而新狮王咬死所有的雄性小狮子，把所有雌性狮子占为己有，然后让所有成年雌狮为自己捕食先吃饱喝足。他只管两件事：交配繁衍下一代，占领并控制生活领地。狮王交配不分血缘近亲，凡是成年雌狮，哪怕是他的母崽，一律揽入怀中交配。古时候人类则用"礼"，也就是今天所说的道德约束人的行为。如果你过分强取豪夺压榨他人，与自己的姐妹和女儿同枕共眠，肯定遭人唾骂："你就是个畜生！"抑或遭到暴力反抗。因此，人尽管有利己自私的本能，有这样那样的弱点毛病，但一般仍不会堕落到与动物等同的程度。当肉欲膨胀时，灵性就会出来与之抗争，灵与肉的博弈结果决定了人的不同境界和做人做事的方式方法。我们不能偏颇地认为一切肉欲都是可耻的、错误的，它也是人类生存繁衍的重要组成部分；也不能认为只要精神高尚就可以丝毫不计个人名利得失。这里有一个把握度和平衡的问题。为什么如今见义勇为的好人和英雄模范越来越少？除了受社会大氛围的影响外，还有个道德绑架问题。一旦你成了模范，众人就要求你时时、事事、处处为人楷模，稍有差池便遭舆论攻击，怀疑你当初行为动机不纯，这也是人们经常感叹好人难当的重要原因。按一分为二的哲学观点看，虽然人类具有普遍的人性弱点，但是人性良善的光芒永远普照人间。如果要对人群划分的话，基本上可分为三部分：一部分是占人口百分之九十以上的普通人，这个最大多数人群，利己又利他，容易受周围的人或环境的影响，其中极少数人可能进化为好人，亦可能滑向坏人的行列。另一部分是受到过良好教育和悟性很高，有大德大爱之人。这类人已经参透人生，奉献多索取少。此类出凡入圣之人实属极少数，如孔子、庄子、王阳明、陶渊明、方志敏、周恩来等杰出人物。再一部分就是少数以自我为中心的恶人和坏蛋，如中国历史上的赵高、蔡京、李林甫、秦桧、魏忠贤、和珅之流国蠹民贼，他们早已钉在了历史的耻辱柱上被千夫所指。那些杀人越货、无恶不作的罪犯，自然也在歹人之列。当我们认清了主流与支流，就无须太担忧人性的沉沦和丑陋。仅就绝大多数人而言，普遍具有仁爱同情之心，也就是孟子所说的恻隐之心、善恶之心、辞让之心和是非之心，这些是所有人身上最宝贵的东西，潜藏了人的自我完善和发展的一切可能性。随着物质生活日益丰厚，民主、自由、平等社会的构建，人类必将逐步迈入更加文明更加友爱的新时代。

世上最可怕的不是鬼，而是人性的丑陋。人性在一定程度上讲，经不起、受不住试探和考验。人性的弱点从底层逻辑说，有"三要素"：利己自私，欲求生存，贪图快活；其本质则是索取和自我满足。如若不信，可罗列以下几个现象，各自判断一下：你小时候周围人对你好，并不是因为你多优秀而取决于你父母的社会地位；你有权有钱有势，周围不乏追捧抬轿之人，而你穷困潦倒时，肯定门可罗雀；利益不够大时，谁都讲底线论情操，当利益足够大时，好人也会干坏事；谁都说不图虚名，但当名声的诱惑足够大并唾手可得时，坏人也可能做些好事；当名利小于道德约束时，绝大多数人会选择遵守道德规则，相反则可能越轨闯红线；你有实用价值时，谁都会把你当个宝，而无利用价值时就成了随意丢弃的一棵草；当你有本事有影响力时，说什么都是有人爱听的"真理"，失势之后则怎么说都是废话；虚假的甜言蜜语人人都爱听，逆耳之言谁都反感；省时省力又能占便宜得好处的事，谁都争先恐后抢着干，费力不讨好的事能躲则躲；这哥们儿那闺蜜，只有永恒的利益，没有永恒不变的朋友。如此等等，不一而足，越听越看越扎心，越琢磨越体悟越伤心。有位智者曾经一针见血地指出，世界上有两种东西不能直视，一个是太阳，另一个是人性。这里讲一个网上发布的案例。有一对夫妻原本感情很好，但妻子还是不放心丈夫的忠诚度，于是托闺蜜出马试探丈夫是否花心。在一个中秋月圆之夜，妻子故意出差在外，闺蜜"偶遇"丈夫，两人双双中招，一起睡到了一张床上。考验的结果：闺蜜间反目成仇，与丈夫离异而终。

那么，问题来了，为什么要检测和考验对方的人性呢？这就如同测试一台车的最大载重量，其结果肯定会把车搞坏（极限损伤）。我们刻意去考验对方的人性，不外乎想用最小的投入获取最大的利益，其结局必然招致感情破裂而分道扬镳。因此，我们不要轻易更不能刻意去试探和考验人性，特别是在亲情友情爱情之中，应当推己及人，努力珍惜和维护好难得的缘分。即使在日常生活和商海交易中，也要坚持换位思考，基于游戏规则和人性底线去做人处世。当发生利益纠葛时，大可不必斤斤计较，谨记"让一步天高地阔"。如果动辄拿人性品德说事，这个世界恐怕没有几个可信赖之人。包括我们自己在内，就那么真实可信、毫无瑕疵吗？大千世界虽有不堪，仍有正直善良朴实的人们，依然点亮光明温暖人间。比如雷锋、杨善洲、张桂梅等一心爱国为民的道德楷模，还有那些领养孤儿、救助残疾、见义勇为和义务办学支教的中国好人，他们身上的人性光芒不也一直熠熠生辉吗？

我们在弘扬和倡导真善美的同时，也对人性中的假丑恶进行着不懈的监督制约和改造。前面讲过古代以"礼"引导人性，现代文明国家至少有四道防线，有效防范约束人的行为操守。其一是舆论督导，对坏人坏事揭发批判，形成强大的舆论正导向。现在互联网监督非常给力，对损人利己的不法之徒穷追猛打，解决了许多冤假错案。其二是机制和制度制约，把权力关在制度的笼子里，让有非分之念的人难以做成事。大家都熟悉那个著名的"七人分粥"的故事吧：大家轮流分粥，分粥时只有每个掌勺人那天能吃饱（给自己多分粥），于是改为分粥人最后选择粥的机制，谁也无法投机取巧占便宜，公平就这样诞生了。如今，各行各业制度机制越来越严密，想钻缝隙得逞之人愈来愈少。其三是道德约束。做了缺德无品之事，不仅自己的良心会受谴责，还要面对大众的指责声讨，成为过街老鼠人人喊打。其四是法律强制，即干了违法犯罪的勾当，将会受到法律法规的严厉制裁，乃至坐牢服刑，悔恨一生。有以上若干清规与戒律，人性也会逐渐弃恶从善。我们坚信，有良知有品德的中国好人会越来越多，形成众生和谐共存的喜人局面。

世界上的任何事物都有好与坏、利与弊两个方面，人性同样如此。这就如同发洪水、失大火，肯定是一场灾难，但谁又能离得了水与火呢？没有水人会渴死，没有火就要重回茹毛饮血的原始野蛮状态，关键在于对火与水如何有效地加以改造和利用以造福人类。对人性的弱点和缺陷，我们应持积极乐观的态度，只要加大教育引导和矫治力度，抓住其求生存、图利己、想快乐的本能，坚持让洪水在大堤河道内流淌，让大火在炉膛内燃烧，就一定会呈现出化祸害为宝藏的功效。当你洞悉了人性和人心，就掌握了为人处世的生存之道，彼此人际交往笃信"刺猬理论"，不要靠得太近或太远，保持适度抱团取暖最好；经济往来坚守"好朋友，勤算账"，先讲规则再论情分；在日常生活中待人以诚，少做些锦上添花的事，多干些雪中送炭、助人为乐的善事好事；尽力满足别人的人性需求，你便会迎来心无挂碍、"不怕半夜鬼敲门"的舒心日子。人为善，福虽未至，但祸已远离。

如果我们能够深入了解体察和控制自己的人性，那你就离成功不远了。要坚持"勿以恶小而为之，勿以善小而不为"的做人原则，用稳定的情绪和丰盈的内心赋能自己，远离恶人恶事，多与善良之人为伍同行，做到仰不愧天，俯不愧人。如果你控制不了自己的人性，则会被别人掌控利用，你的精神财富和能量都会被消耗亏损，甚至会招惹祸端，在追悔莫及中度过余生。

既然人性经不起试探和考验，那么我们就应谨记，相安无事就是人生最好的相处之道。要努力控制自己人性的"软肋"，以包容和理解的心态，尽量不去戳破别人的人性弱点和痛点。纵然世态炎凉，我们依然不改本真，不乱于心，不困于情，用纯朴善良和温情拥抱这个世界。

摘下面具还原真实的自己

孔老夫子说,"四十而不惑",如今我已过花甲之年,遗憾的是似乎越来越看不懂世事,看不清世人的真实面貌了,即便是戴上眼镜也辨认不清。世界上的人和事原本没那么复杂,是人为的因素弄复杂了,主因是人心复杂多变了。君不见,本来你就是你,我就是我,而现在却变成你也不是表面上看起来的那个你,我也不再是那个原本的我了。

为什么会出现这种情况呢?因为不知从何时起,一些人戴上了一副面具,恰似川剧变脸,真真假假,虚虚实实,变幻莫测,让人眼花缭乱,以致难以辨认,无所适从。时常听人喊"活得真累",试想戴着伪装的面具工作和生活,又要防止"露馅儿"被人识破,焉有不累之理!这种人越多,对国家、政党和社会生活伤害越大,同时也在损伤消耗着装模作样的自己。简要归纳了一下，大致有以下五种装神弄鬼之人。

其一，假马列真背叛。这种人主要是政治上的"两面人"，对党和国家祸害最大。苏联最高领导人戈尔巴乔夫及其亲密助手苏共宣传部部长雅可夫列夫，打着红旗反红旗，倡导所谓"公开性"，推动"人道的民主的社会主义"运动，支持"非党化"，主张全盘西化，直接导致一个强大的苏联解体崩溃。难怪英国前首相撒切尔夫人曾高兴地称其为："他是我们的人。"国内这种政治上的"两面人"更是不乏其例。去年以来，接连爆出的高层人员里通外国泄密卖密事件简直让人惊掉下巴，其行为恶果让人不寒而栗。少数党政官员在公开场合信誓旦旦笃信马列、不信鬼神，背地里却大搞封建迷信活动。如四川省委原副书记李春城请风水先生为亲人坟墓做道场，找"大师"为自己升迁算卦；天津市公安局原局长武长顺为求尽快升官，听信风水先生的鬼话，花重金改建单位大门。今年年初最高检披露的刘立宪被依法逮捕案，剧情更是让人哑然失笑。这个曾任国家反贪局副局长、中国工商银行纪委书记、中央巡视组副组长的刘立宪，本人身份是主抓反贪反腐的高层骨干成员，台上大讲廉洁，把自己扮演成"反腐斗士"，私下却大搞权钱交易，并

"违规获取境外身份",随时准备"跑路"去国外过逍遥生活。这些"两面人"的典型特征,就是"当面一套,背后一套,口头一套,行动一套,表里不一,阳奉阴违"。这类假洋鬼子损害了党和政府在人民群众中的威信,败坏了社会风气,必须彻底铲除。党的十八大后,他们表面上装得循规蹈矩,拍胸口表态"忠诚",背后依然不收手不收敛,我行我素,甚至脚踩两只船。据官宣,2014年广东对全省"裸官"大清查,共清出两千零九十名"裸官"。其实质是对党、对国家、对人民不忠不诚不信,要害是在关键节点不是逃跑就是叛变。类似这种"身在曹营心在汉"的变节分子,往往大奸似忠,一时很难察知。这些大家曾经崇敬且深信不疑的各级领导干部,起底后真让人大跌眼镜。

其二,假正经真淫乱。这类人重点表现在工作和生活上,看似工作很认真很努力,不是开会批文件,就是下基层发号令搞"景点工程",至于工作实效,特别是拉动经济和保障民生的成效如何,那就不再是他们关注的重点问题了。八小时以外他们又转移新战场,躺在温柔乡里、拜倒在石榴裙下过夜生活了。接踵而至的则是利用手中权力,为她们以及与之相关的形形色色掮客输送利益，比如批土地、给项目、送工程、提拔重用干部，直接送钱、送车、送房子。这真可谓台面上一本正经道貌岸然，台底下男盗女娼丧尽天良，坑害的却是国家和老百姓的利益。最典型的莫过于时任重庆市北碚区委书记雷政富因与网红赵红霞"不雅视频"被拉下马，继而爆出贪腐问题，获刑十三年。2013年5月7日，重庆市政府对外公布，包括雷政富在内，共有二十一名党员领导干部涉及不雅视频被查处。赵红霞之流专门色猎有权有势的各级领导干部固然龌龊，而雷政富之流被惩处也实属咎由自取。在这里，不得不再说说江苏省巨贪、曾任盐城市市长和省建设厅厅长的徐其耀，他利用手中之权和贪污的巨款先后与一百四十六名女性发展为情人关系，其中包括一对母女，其厚颜无耻令人发指。据统计，每个被挖出的大贪官，几乎都有或多或少包养情妇的风流艳史。

其三，假善人真恶人。这类人往往以仁慈、善良、助人的面貌出现，实则搞坑蒙拐骗。一些别有用心的恶人专门在车站、码头等候，假惺惺帮妇老残幼人员抱孩子、提包裹，稍不留神就会连人带包被拐得无影无踪；极少数诈骗分子专门以帮助找工作为名，把懵懂无知的人骗到"血汗工厂"、三陪夜店和缅甸等境外搞电信诈骗；还有一些人常以小利为诱饵，把老年人骗去听"讲座"洗脑，继而喊爹叫妈温柔以待，尔后拉到所谓保健养生场所搞理疗按摩，推销各种假健身器材和保健品。以保真甩卖各种假烟、假酒、假药、假食品、假字画、假古玩等，黑心商贩们充斥于大街小巷和网上推销骗财，稍有不慎就会上当受骗。一位在京居住的外地退休大妈，被养生保健店的"儿子""女儿"们两年内刷走七十多万元银行卡存款，直至被自己的子女发现，才被迫终止"消费"。

其四，假廉洁真腐败。一些手握实权的腐败分子大唱反腐倡廉高调，把自己标榜成"金刚不坏之身"，常年穿着不合潮流的衣帽鞋，上班走路或骑自行车。谁知，这样的"廉洁"干部，东窗事发，原来是一个又一个腐败多达几千万甚至几十亿元巨款的蛀虫。我们对这些善于表演走秀的人，不得不刮目相看。

其五，假高明真无知。一些社会闲散人员和无业游民，打着"世代中医传人""中华易经协会理事""气功大师""风水先生""小神仙"等头衔贩卖伪科学那一套把戏，把脉透视看病治病，占卦算命，预知官运财运，看阴阳宅院利弊，有些知名演艺人员和个别领导干部趋之若鹜，进一步误导了普通百姓受骗上当，甚至落得个人财两空乃至丢了性命。

其六，假富有真屌丝。这类人在日常生活中遇见的愈来愈多。本来出生在普通人家，身上也没有几两"纹银"，却偏要显高贵摆阔冒充"富二代""大款"，吃喝穿戴讲究高档名牌。殊不知，他们光鲜的背后却是父母兄妹打工种田积攒的血汗钱，有的还是东挪西借举债支撑自己所谓的"面子"。我在京认识一个北方小青年，他在一家私企公司上班，月薪五六千元，却过着富人般的生活。当我问他有何底气高消费时，他振振有词地说："你不知道，当今社会笑贫不笑娼。你穷不拉叽过苦生活，没人瞧得起你，连个女朋友都没得谈。"呜呼哀哉！靠打肿脸充胖子就能娶上"白富美"吗？这种哄人骗己的勾当究竟还能上演多久呢？

《左传》有云："信，国之宝也，民之所庇也。"又云："华而不实，怨之所聚也。"正直坦荡、诚实守信、立己达人、善作善成、童叟无欺乃中华民族的传统文化和价值观，曾深深植根于国人的血脉，在我们出生的20世纪六七十年代，几乎没有听到看到过上述所列种种戴假面具生活的怪现象。剖析产生"两面人""多面人"的机理，既有复杂的社会历史根源，又有打开国门之后深受资本主义腐朽思想文化影响，拜金主义、享乐主义至上，个人欲望恶性膨胀的现实成因。一些人为了达到个人目的和一己私利，又不想被人察觉，于是便选择了靠戴假面具生活，如今已成为祸害社会健康发展的一大毒瘤。其导致的直接恶果如下：

思想混乱。光明正大做人做事有时行不通，依靠瞒天过海"伪装"却能办成事，引发了人们思维认知和思想观念的裂变，随之价值观发生扭曲，以致弄不清怎样做才是正确的，严重危害党和政府的公信力。

信仰危机。人们不再坚信抱诚守真、正派做人、善恶有报之主流文化信仰和生存法则，却对"有奶便是娘""有钱能使鬼推磨"等潜规则深信不疑，自觉不自觉地效仿膜拜，严重污染了政治生态。

诚信缺失。由于"假"的东西大行其道，人们普遍怀疑你所说所作所为是真是假，购买的产品是否安全可靠。大家普遍秉持"宁可信其假，不可信其真"的态度，共同经商处事缺少了起码的信任度，即便对自己的上司也常常打个问号，戒备心理日趋严重。

成本叠加。因为对人对事总是抱着怀疑态度，所以对"许愿""承诺""合同""协议"，包括亲友之间凡涉及钱财物都犹豫再三，彼此交易成本上升而效率低下，往往采取"不见兔子不撒鹰"的战术，追求眼前利益和即时效应，社会运行成本大大增加。

感情疏离。过去人与人之间感情纯朴，有话直说，有困难相互帮衬。如今是"逢人只说三分话，未可全抛一片心"，对他人诉求的难事挠头事能躲则躲，事不关己便高高挂起；城市中邻里住了几年十几年，互不往来，也不知对方姓甚名谁，更别提帮难救急，相互关照；遇有险情见义勇为的人越来越少，冷漠以待的却越来越多；戴着面具去工作和生活，"演员"很累，唯恐露出破绽和马脚，"观众"也不舒服，不知哪张脸是真，哪张脸谱是假，哪句话该信，哪句话是假。其实"累心"，部分因素是由此产生的。

以上谈了戴面具做人做事的种种表现、根源和危害。那么，作为个体的自己，如何面对这个复杂多变的世界呢？鄙人以为做到如下两条即可：

第一条，做真实的自己。狼披上羊皮还是狼，反之，羊披上狼皮依然还是羊。伟大导师毛泽东早就一针见血地指出："假的就是假的，伪装应当剥去。"我们每个人的家庭出身背景、学识能力、性情修养、社会地位、经济状况、人脉关系等要素，只有自己心里最清楚。我们没必要人为地炫耀拔高，以图别人臣服，抑或借此捞取不当利益，当然也没必要把自己的状况说得很凄惨很不堪，以博取他人的同情和施舍。假若你有戴面具生存的习惯，以此展示自身能力和社会价值，期待获得大众认可和尊重，恭请你从现在改起做起，摒弃私心杂念，剥去伪装坦诚做自己，这样身也安然，心也舒坦。否则，那些诓骗人的西洋景一旦被拆穿，下场将会是"光着腚推磨——转着圈儿丢人"，人人反感唾弃。假若你本就朴实无华，从不装蒜，那就更没必要羡慕那些装蒜的人一时得到的"好处"，真真切切地过好自己的生活。规规矩矩做人，实实在在做事，这样才会长长久久、坦然自在地奔走在人生幸福的大道上。

另一条，仔细甄别真伪。《吕氏春秋·慎行论·壹行》指出："夫天下之所以恶，莫恶于不可知也。夫不可知，盗不与期，贼不与谋。""今行者见大树，必解衣县（悬）冠倚剑而寝其下。大树非人之情亲知交也，而安之若此者，信也。"其意思是说，天下人所厌恶的，莫过于不可察之，让人看不清猜不透，这样的人连窃贼都不约他结伙，强盗也不与他谋议。相反，行路的人看见大树，走累了，则会脱下外衣，挂上帽子，把佩剑靠在树边躺下来休息。大树并非人们的亲朋好友，但对它如此放心，是因为它可以让人信赖。世间最善变易变的高级动物非人莫属,除幼儿期童言无忌,把喜怒哀乐都真实地写在脸上之外,一旦步入社会"成熟"起来,一些人很快学会了"变脸"。这种戴着面具工作和生活之人比比皆是,有的就在你的身边,可能是你的同事或上司,因而你必须审慎地甄别,不仅要听他说什么,更重要的是看他在做什么、做得怎么样。如果认定他是表里不一之人,应采取敬而远之的策略,防止稀里糊涂误入圈套。对于在社会上打交道的各色人等,一定留心观察,不能盲目轻信;特别是意外之喜、不劳而获的所谓好事,更要多设一道防线,多问几个"为什么","这是真的还是有诈",谨防上当受骗,追悔莫及。当然,也不能走极端,似乎天底下就没有真人善人好人了,总体来看,还是好人老实人居多。

我们要学习屈原那种"举世皆浊我独清,众人皆醉我独醒"的独立人格,绝不随波逐流、伪善卑俗地也戴上面具工作生活,更不要被戴面具者欺骗和"绑架"。做一个真实真切真正的自己,哪怕没有显赫的地位和耀眼的财富,此心踏实坦然,就是人生中最好的福报。

别让自己总活在他人的世界里

每个生命个体都是独立的存在,正如世上没有两片相同的树叶,也没有两个完全一样的人。我们尽可以大声告诉这个世界:我来啦!我就是我,不一样的烟火。用不着别人喜欢或讨厌,我依然还是那个不卑不亢、不媚不俗,说不上太好也不算坏的我。

为什么有些人活得总是那么卑微、纠结、拧巴,最核心的问题是内心不够强大,没有找到自己独立存在的价值和意义所在。因而,有的趋炎附势"蹭"热度,有的投怀送抱"增"温度,还有的东拉西扯"显"风度,说穿了就是围着别人打转转,活在他人的世界里,唯独失去了自己。一个依赖他人光环希图照亮自己的人,注定灵魂扭曲,终日过着看别人脸色讨生活的凄凉日子。即使从中得到了一点儿人家施舍的"好处"及残羹剩饭,那又怎么能够抵偿独立的人格、自在的生活缺失呢？看上去有些人不缺吃穿还挺风光，到了知天命之年却感叹：我这大半辈子，活得那叫一个苦、一个累！殊不知，你心里苦、身体累，都源于把自己的命运捆绑在了他人的战车上，由不得自己主宰和摆布。这正应了《孟子·离娄上》的一句话："夫人必自侮，然后人侮之。"因为这一切是个人的自主选择，自然怪不得任何局外人了。人生在世，最悲哀的就是终其一生，总活在别人的眼里，生存在他人的光环下，甘当人家的附庸。生命只有一次，不必刻意取悦任何人，找到适宜自己的跑道最自在。

学习榜样，主宰自己。我们从小到大跌跌撞撞一路走来，大多是在榜样特别是在有正能量的榜样引导下，才逐步成人成才成事的。我们崇拜英雄、追捧明星，渴望像他们那样取得成功，这本身没什么错儿。错就错在没有看清楚各行各界翘楚背后的"秘密"，比如天赋、学识、资源、拼搏、痛苦乃至多次失败等不为人知的故事。有人看到影视歌星光鲜亮丽又能赚大钱，便不顾自身条件寻死觅活去追星，也梦想当"明星"；有人看到老板和"大款"挥金如土风流潇洒，也跟着比富斗阔装"富豪"；还有人看到当"网红"主播圈"粉丝"好，蹲在家里就能扬名赚快钱，也见样学样当"播主"。一味跟风随潮,其结果往往是邯郸学步,折腾来折腾去,折腾得自己泄了气,又被打回原形。我们学习各类先进榜样,主要是学习他们走向成功的精髓要义,而不是亦步亦趋地简单模仿和照搬,更不是扑倒在那些显赫人物膝下当"马仔"。人生最忌讳不分青红皂白地跟着他人"跳大神"。

条条大路通罗马,朵朵鲜花映日红。人的一生如白驹过隙,大可不必挖空心思去模仿、攀附、依赖任何人,也没必要总是活在他人的阴影下。大家都说国花牡丹最鲜艳、最壮观、最丰满,但不可能人人都成为牡丹花。哪怕我是一株路边的蒲公英,我依然向阳而生向阳而长,绽放自己的风采和终极的药用价值。人如植物生生灭灭,无论外部风霜雨雪还是酷暑严寒,去顺应生命的时令和轮回,做一个独一无二、自由自在、随风摇曳的自己最好。

学会孤独,成就自己。小时候,我们总是喜欢喧闹热烈的场面和气氛,希望认识更多的人,企盼交往更多的朋友。随着年龄渐渐长大,很多人开始越来越喜欢独往独来,闲暇时避开喧闹场景独处,不再害怕寂寞孤独,哪怕只倒一盏清茶,细细品咂生活的滋味,静静地读书思考,默默地规划人生的未来。这说明人已经长大了,成熟起来了。人生如旅,孤独本是常态,独行的日子会历练一个人逐步成长成熟,同时也会成就更好更强大的自己。可惜,现在社会上"妈宝男""奶宝女"越来越多,脱离不开原生家庭,总希望在父母的庇护下过生活,一旦离开家庭父母就六神无主,到处托亲戚靠朋友找老乡,喜欢扎堆凑热闹,希冀得到别人的搀扶和帮助,甚至把许多不相干的人拉到自己的圈子中,耗费了大量的时间精力,又无助于自身成长和独享生活的快乐。这不由得又让我想起了《动物世界》,那些狮子、老虎在幼崽很小的时候,"母亲"就开始训练它们捕食猎物,等到幼崽稍大能够单独捕食后,这些母狮、母虎便驱赶它们另觅领地单独生活。那母子(女)依依惜别的场面,既让人泪奔,又让人感到动物的聪慧,因为他们知道长久依赖"父母"的恶果。那么,难道我们人类还不如动物睿智清醒吗?作为父母不要大包大揽"护犊子",要鼓励子女走出家门闯世界,在经风雨见世面中成全自己;作为子女要破除等靠依赖思想,主动"断奶",扔掉"拐棍",在孤独前行中蜕变成熟,练就应对风险挑战的硬功夫。这里需要说明,我们并不是反对一切正常正当的交往,也不必反对一些人有借势借力借机的愿望,但最根本的还是要靠自身过得硬。学会孤独,享受孤独,这是所有人找到自我和本真的修道场。

心存热爱,自有精彩。人的一生总要爱着点儿什么,无论是爱美食、爱玩耍、爱旅游,还是爱人、爱物、爱事业,专心做自己想做的事情,爱自己钟爱的人物,不仅能充实丰盈自我、愉悦人生,而且能让似水流年的日子过得有滋有味,精彩纷呈。有人可能会说,热爱必须和"饭碗"挂钩,饿着肚子什么爱好都不能充饥。我不反对这种急功近利的观点,但反对过于短视和狭隘的解读。从短期看,那些貌似"没用"的爱好也许充不了饥,但长久的热爱和坚持,必定结出丰硕的成果。大多数人都知道,中国有个与马可·波罗齐名的"千古奇人"叫徐霞客,他自幼饱读诗书,对图经地志尤为钟情。当大家都忙于经商赚钱、科举入仕之时,他却辞别老母和新婚妻子出游,足迹遍布江南、西南大半个中国,最终成为一代著名的地理学家、旅行家、探险家和文学家。这场人生之旅,给我们留下了不朽的著作《徐霞客游记》,让人们从古受益至今。喜欢可跨千沟万壑,热爱可抵岁月漫长。像徐霞客这样由喜欢到热爱,再从热爱到孜孜以求,最后走上成功之路的何止成百上千逾万。我们又何必去追风赶潮,天天跟在别人的屁股后面熬日月讨生活呢?!此刻,我脑海中突然冒出两句话:若要此生不虚度,唯有热爱可奔赴。在如今就业多元化的社会里,无须在一棵树上吊死;去从事自己喜欢的事情,这才是人生最好的选择。徐霞客的事迹也许过于久远,那就再说一个身边的人的小故事吧。我曾经的一个部下樊文峰,21世纪初在四川省卧龙大熊猫自然保护区体制内工作。这个学历不高的小伙子偶然机缘爱上了雕刻艺术,从此他从山上、河沟拣来各种树根和鸟蛋,利用节假日和工余时间专心致志做雕刻。身边的同事看他如醉如痴,夜间躲在小库房里不停地去雕刻工艺品,都叫他"神经病""狂魔症"。他靠着这份热爱和执着,在当地很快就有了小名气,作品被博物馆收藏。几年后,他扔掉"铁饭碗",在北京独自开了一家工艺美术馆,一边做雕刻,一边销售作品,先后获得"高级工艺美术师""工艺美术大师""全国技术能手"等荣誉称号。他2022年参加全国行业职业技能竞赛,先后获"醉根杯"二等奖、华夏崖柏艺术展"天工奖"和京津冀根石艺术展特别金奖。其作品分别被国内和新加坡、日本、美国艺术馆收藏,有一件作品还被作为国礼赠送给联合国大会副主席丹尼斯·安东尼先生,其破茧成蝶的事迹在中央各大媒体广为传颂。有道是"海阔凭鱼跃,天高任鸟飞",心怀热爱的人,脚下永远有路可走。

接纳平凡,悲喜自度。我们多数人儿时都曾幻想过当英雄、当伟人、当救世主和大名人,当你步入社会现实时却发现,那不过是黄粱一梦。有人接下来又开始艳羡那些做大官、赚大钱、有大本事的人,几年历练下来又发现,这不是我力所能为的事。当你瞪大眼睛看世界时,再次发现那些光芒万丈的人实属凤毛麟角,我等不过是芸芸众生的一员罢了。悲催吗?不。自觉接纳自己的平凡,是一个人重新觉醒、确定人生方位、勇敢面对现实、走向未来的良好开端。金庸小说《倚天屠龙记》中有几句话启人心智:"他强任他强,清风拂山岗;他横任他横,明月照大江。"其实,这是在告诫人们,最大的敌人就是内心所产生的忧虑、不安、懦弱和无知。面对理想的破灭、工作的艰难、生活的困顿,乃至自认为怀才不遇,该做的不是怨天尤人、自暴自弃,而是大胆地向前看向前走,事来扛住,事过翻篇。请相信,别人家的洋房遮挡不了你所遭遇的风雨,坚持撑把伞,在风雨泥泞的路上勇毅前行,跌倒了马上爬起来,总会有柳暗花明展现在你的眼前。人生不过百年，我们不需要横攀竖比，不需要同情和怜悯，更不需要他人的认可和赞美，只需要专注做好自己、完善自己、活好自己，以欢喜心过着平凡而不平庸、自尊而不自卑的惬意日子。

顺心而为，怡然自乐。日本作家稻盛和夫说过："人生不只是一场物质的盛宴，而是一次灵魂的修炼。"我们太多的痛苦源自贪得无厌，总觉得自己得到的太少，有座金山银山还不罢手，还想占有几座玉石山、宝石山、玛瑙山，欲望永远没有满足封顶的时候。内心被过多的功利物欲塞满，已无处安放那高贵的灵魂，实质上就与动物相差无几了。假如青壮年时期有股"虎"劲，不惜逆心而上，去闯去拼、去干一些能证明自身能力和价值的事还好理解，那么到了中老年就须改弦更张去做顺心而为的事，干些让精神丰满起来的事，比如做义工、做慈善、做校外辅导员，做一切有利于大众福祉的公益事业，再也不要为职称、级别、地位、金钱、名气等身外之物绞尽脑汁去争去抢去自寻烦恼，做既伤身又伤心的傻事了。交际圈也要随之减少，别再强加他人微信号，别主动联系与自己并不十分契合的人聚会餐叙，别热衷参加各类社团活动去刷存在感，倒不如有空养点儿鱼养点儿花，听风看雨欣赏音乐，心情自然豁然开朗，从而体悟到应更加热爱生命、热爱生活、热爱自己。

我们孤独地（多胞胎除外）来到了这个世界上，终将孤独地离开尘世，在这个来也匆匆去也匆匆的过程中，有时来不及审视自己内心的真正需求，硬把不大相干的人和事、虚名和所谓财富纳入怀中，甚至一辈子始终都活在别人的世界里，累并痛苦着，岂不悲哉！如果说前半生是从简单到复杂的成长，那后半生应当是从复杂到简单的修行。人生就是一个不断成长、不断觉悟和不断精简的过程。中老年的座右铭：简单地活，快乐地过；乐天知命，随遇而安。

勿让一个"钱"字捆绑住全部身心

谈到"钱",大家既熟悉又陌生。熟悉的是人们每天都在与钱打交道,用钱交换食物、服装、房子和汽车等一切物质生活必需品;陌生的是对钱的本质属性以及如何获取与应用,真正洞悉的人并不多。如今为钱忙、为钱累,为钱哭、为钱笑,为钱活、为钱死,视钱如命已然成为一种社会常态,张口闭口离不开一个"钱"字。难怪有人戏言:现在的人哪,都掉进钱眼里去喽!

俗话说,钱不是万能的,但离了钱是万万不行的。金钱具有一般等价物的功用。它除了方便商品交易、易于储存、对标相应资产外,还象征着财富地位和身份价值。作为一种使用"工具"和标签,自从金钱特别是货币诞生后,极大地方便和促进了生产生活的提质增效(如今网上支付交易有替代货币之势,此话题另讲），给人类日常活动带来了福音。这样，人的衣食住行和所有活动都与货币（称作金钱）挂钩。离开了钱，什么事都不好办，甚至可以说寸步难行，连出租车都坐不了。正是在这个意义上讲，没钱是万万不行的。但请不要忘记，在货币发行使用之前（中国曾用过银两），物与物交换的时代，人类照样能够生存发展。其实金钱并不神秘，只不过是国家权力赋予其特殊功能，方便储存、交易的等价物而已。

  由于金钱具有如此广泛的用途和功能，那么人人追逐金钱以满足自身的需求也就不难理解了。2009年春晚《不差钱》逗得大家前仰后合，相信大多数人还记忆犹新吧？剧中看到赵本山为买一碗面，那么抠门儿，小沈阳启发说："人不能把钱看太重了，人生最痛苦的事情，是人死了，钱没花了。"赵本山反唇相讥道："人这一生，最最最痛苦的事，你知道是什么吗？人活着呢，钱没了。"十几年过去了，人们还津津乐道《不差钱》给人的警示。大家把金钱与生死等量齐观，可见钱在人们心目中的地位多么至高无上。悲哉？乐哉？我至今仍不得其解，这也是总想专门扯扯对钱的看法的直接动因。

  世上的人都知道，有钱比没钱好，钱多比钱少好。问题在于钱从哪里来？攒钱留钱干什么？钱多了怎么花？这一系列直击心灵的叩问，迫切需要理清楚弄明白。拼命赚钱捞钱，却不知道究竟为什么，不是装傻就是真傻。对金钱的态度和取舍，事关人生观价值观，也关乎一个人的幸福指数和人生为啥活着的意义。

《增广贤文》中有句名言："君子爱财，取之有道。"人人都喜欢钱财，个个都想富贵，但要合乎道德，以不坑害他人为前提，以不损害国家和集体利益为必要条件。所以，孔子在《论语·里仁》中讲："富与贵，是人之所欲也；不以其道得之，不处也。"虽然每个人都向往财富和地位，但用不正当的方法和手段得到任何金钱，都如老百姓所说的那样"吃肥肉，喝凉水，早晚是病"。一经查证钱的来源有问题，轻则被罚款没收，重则镣铐加身。现在已经被抓进监狱坐牢的，十个有九个都栽倒在钱上。

目前大家普遍认同的观点是，小财靠勤，大财靠德。德不厚，无以载物。广为人知的"红顶商人"胡雪岩、华为总裁任正非等人，都是依靠大德大能发家致富的，同时也为国家和社会做出了应有的贡献，国人无不伸出拇指点赞。特别值得一提的是占人口绝大多数的普通百姓，他们不畏生活的艰辛和磨难，依靠自己勤劳的双手赚钱养家糊口，虽说钱财不多，却怡然自得、知足常乐。最让人痛恨的莫过于那些千方百计大发不义之财的各类骗子。他们笃信"人为财（钱）死，鸟为食亡"，做人干事没有任何底线，什么鬼花招都用，什么丧尽天良的事都干，唯一的目的就是赚取更多的钱，以此炫耀身份，供自家子孙挥霍享用。民间有句口头禅："赚什么钱也不能赚灭良心失人性的脏钱。"我们盘点一下有哪些不义之财不能赚，大致包括：贪腐盗窃之财，杀人害命之财，叛国卖密之财，坑蒙拐骗之财，偷税漏税之财，非法传销之财，设局赌博之财，印贩假钞之财，等等。总之，一切违法乱纪之财一律不能去赚，赚得越多，罪恶越大，死得越快。常听社会上有人讲，当今应该干什么赚钱快就干什么。这种思想观念极其有害，稍不留神就会赚了不该赚的钱，从此跌进万劫不复的深渊。爱钱喜欢赚钱可以，但要通过正当途径、合法手段获取，绝不能任意去赚不明不白的黑钱脏钱血腥钱。我们经常听说，一些明智有德的家长，当看到自己的孩子和亲人超常消费，带回家超出其个人能力的钱财时，立马追问钱的来源，刨根问底打听清楚来路正不正，该不该获取。

仅此一招，曾挽救过多少濒临险境的孩子和家庭。所谓爱财有道，这个"道"不单单指道德，还包含钱的来路渠道要正，赚光明正大的钱，赚合法合规的钱。也许这样赚钱辛苦一些、慢一些、少一些，但心安理得又避免了招灾惹祸。一个有良知的正常人，还能有别的选择吗？

《红楼梦》里的"好了歌"道出了现实生活中一些人的原形："世人都晓神仙好，只有金银忘不了。终朝只恨聚无多，及到多时眼闭了。"我们很多中产阶层以上的人，早已过上衣食无忧的富足生活，却一天到晚仍在抱怨聚敛的钱财还不够多不够快，与张三比房子车子票子，与李四比资产阔绰，有了百万想千万，有了千万想亿万，有了亿万盼着上胡润和福布斯排行榜亮相。这些人欲壑难填，连自己身体有病也全然不顾，一心只想创业赚钱。据网上统计，中国五十名英年早逝的著名企业家，百分之九十以上病死在四十五岁上下，岂不令人痛惜！一个人没有了健康，失去了生命，留下再多的钱财于己而言等于零。毋庸置疑，其中有些企业家不仅创造了利润和财富，也为社会创造了价值，推动了经济社会的发展和进步。这里需要反思，金钱与生命相比，到底哪一个更珍贵更重要？那些有社会责任感的民族企业家固然可尊可敬，但有少数黑心老板企业主为个人获取更高的利润收入，逼迫企业员工一天干十几个小时工作，仅发给微薄的薪水还不按时兑现，自己大碗吃肉，却不让手下人喝口汤，满身散发着一股浓浓的铜臭味。他们的人生逻辑是敛财再敛财，没有其他任何东西让其如此亢奋，甚至把父母和老婆孩子都置之度外，简直让人难以理解。十四年前深圳某台商工厂发生的十三连跳事件可谓震惊世界。这类"血汗工厂"的资本家为了赚更多的钱，难道连工人的死活都不管不顾了吗？这些受压榨的工人为了几个血汗钱，为什么不选择愤然离职呢？一句话：都是钱闹的！一个人如若被金钱捆绑束缚住，身心便失去了自由，灵魂无所附着，唯有一命归西才肯与钱诀别。

我们不禁要问：钱真是越多越好、越多越幸福吗？相信绝大多数人会做肯定的回答。然而，我却不敢苟同。有人嘲笑这是酸葡萄心理，吃不到葡萄说葡萄酸。我虽然吃葡萄不多，但我知道葡萄有甜的也有酸的，依靠正道适度赚钱收获的果实是甜的，依赖歪门邪道赚钱买的葡萄，不仅是酸的而且有毒，还会要人命。有些人把"有钱能使鬼推磨，没钱只能做推磨鬼"等歪理邪说认作人生宝典，我仍然不敢苟同。必须承认，钱多的人实现了财富支出相对自由，可以花销不眨眼，难道如此就可以任意妄为、颐指气使吗？三十年前的一个周末，早年熟识又发了财的老板邀我到北京王府饭店餐叙。酒足饭饱结账时，他不经意吐地上一口痰，服务员立马纠正道："不能随意吐痰，罚款五十元。"他二话没说递过去一百元，说道"零钱不用找了"，紧接着又故意吐地上一口痰。正当欲离去时，饭店总经理带着保安拦住他的去路，坚持让他把痰擦净。他理直气壮地说："我付费交罚款了。"总经理轻蔑地说道："我让保安打折你的腿去住院，费用我付了。你同意吗？"这个哥们儿悻悻然擦净痰迹，溜之乎也。我再讲一个真实的案例，就是我家乡大我十几岁的刘姓大哥，他们两口子都是本分的乡下人，却秉承了耕读传家的优良传统，省吃俭用供一双儿女上完大学，一个留在北京，一个留在唐山工作生活。我回乡探亲正碰上他在家门口收拾菜园子，于是上前问他这么大年岁了，怎么还干农活儿，不如进城跟儿女生活享清福。他笑笑对我说："我身子骨还结实，种点儿地、再捡点儿板栗，一年收入三四万足够花销了。孩子们在外地都有出息，你甭提我这一辈子有多幸福啦!"是啊,钱多就一定幸福吗?这个看似简单的问题萦绕在我脑际很长一段时间:仓廪满满,日食三餐;广厦万间,卧榻六尺;储蓄千万,数字一串。这些所有的身外之物,终其一生用得着的又有多少?我这位农村老哥,钱虽不多,幸福指数却高得很。依我看,千万亿万富翁也并不如他内心富足开怀。

著名哲学家叔本华有句名言:"财富犹如海水,越喝越渴。你财富积累的速度,永远跟不上欲望上升的速度。"金钱既不是万恶之源,也非幸福的本源。学会适时放下,沉淀自己的内心,才会找到人生幸福的源泉和快乐的真谛。钱多可以买来美味佳肴,却买不来健康;能买来热捧和鲜花,却买不来纯真的友情;能买来婚姻,却买不来爱情;能买来欲望的一时满足,却买不来内心的知足;能买来琳琅满目的奢侈品,却永远买不来高贵的灵魂。人本是世间的匆匆过客,当我们对金钱着迷,拼命追求多多益善时,千万别忘了对本心的体悟。抬头望一望头顶的日月星辰,登高山远眺一下苍茫的大海,深刻体悟人生的有限和宇宙之无限,除了有用的等价物钱以外,尚有更多的看似"无用"的事物需要用生命去体验。比如培养一两种兴趣爱好,停下来陪陪父母和孩子,尽心读几本好书,邀几个好友品茗、谈天说地，或暂时离开功利场并关掉手机，悠闲地吃饭睡觉，过一下常人的生活，会顿然感受到生命的饱满和自由的可贵，于是心中又点燃了人生更加美妙璀璨的灯火。

古语云：舍得，舍得，有舍才会有得。记得当年喝到四川生产的"舍得"酒时，我举瓶脱口解读：这个命名传承了中国老祖宗的智慧，说尽了人生哲理：小舍，小得；大舍，大得；不舍，不得。这与民间那句俗语"财聚人散，财散人聚"有异曲同工之妙。在一般人的认知中，资本主义国家的资本家肯定自私吝啬，不会轻易散财。当我看到全球前首富比尔·盖茨一次又一次把千百亿巨款捐助慈善事业，并多次表示不会把钱作为遗产留给子孙时，不禁反观我国一些企业家和私企老板，个人赚得盆满钵满，过着花天酒地的生活，却依旧像"铁公鸡"和巴尔扎克笔下的"抠门儿"祖师爷——葛朗台一样惜钱如命，舍不得拿出少许服务社会、报效国家、救济他人，赞助公益事业往往是雷声大雨点小，堪称十足现代版的守财奴。我认识一位上市公司的大老板，几年不见看他憔悴了许多，他不由自主道出了原委：这两年我很焦虑，辛辛苦苦赚了些钱，怕贼惦、怕贼偷、怕贼抢，怕贬值、怕充公、怕继承断档，到底是否移民境外一直举棋不定。我不禁心生悲悯，钱少的人有钱少的烦恼，有钱人则有自己的哀伤，老板的凄凉心境是一般没钱人永远体会不到的苦与痛。

  两眼冷观看金钱，挥手聚散胜神仙。钱是一把双刃剑，既能驱动努力进取，又能引诱上瘾成癖，利弊全在自身掌控。人生本不苦，苦的是索取太多；人心本不累，累的是欲望太盛。我们没有必要睁眼闭眼谈钱、白天黑夜赚钱、省吃俭用攒钱，折腾了一辈子穷得只剩下钱。实际上钱够花够用，再储存一些备用足矣，剩下的都是多余的累赘。既然钱是服务于人类的使用工具，那我们就应该幡然醒悟，此生莫让钱缠绕，坚持做钱的主人而不是奴仆。果断放下对钱嗜命的追逐，将会使整个身心获得彻底解放！

做人应挺直腰杆别跪下别趴下

写下这个题目,作为中国人,我真是百感交集,心情十分沉重。我们不妨各自扪心自问:你挺直腰杆做人了吗?没趴下过吗?没跪下过吗?如果答案是肯定的,无疑是一个有气节、有操守且有自尊之人,也是一位值得众人尊崇称赞和人格健全、内心强大的人中龙凤。如若与此相反,就应该反复吟唱领悟《国际歌》的要旨:"起来,饥寒交迫的奴隶……不要说我们一无所有,我们要做天下的主人。"要创造人类的幸福,全靠我们自己。如若有人趴惯了跪久了装"沉睡",就要大喝一声:起来,站直了!别趴着跪着!中国早已不是昔日那个豺狼当道的旧中国,再不要那么卑微下作地活着。

最近,我重温《鲁迅全集》,的确感触良多。他大量的作品发表于晚清和民国时期,文章像匕首像投枪,也像醒世良药,对封建专制和独裁统治下国民劣根性的批判,可谓鞭辟入里,直击人性深处的弱点和不堪,譬如"怯懦,懒惰,而又巧猾""甘当看客""迂腐折中""缺少个性""欺软怕硬""缺少反抗精神""幸灾乐祸,站干岸,不关己事,便随意指手画脚""依赖精神胜利法"等等。鲁迅在《漫与》一文中深刻剖析道:"自己明知道是奴隶,打熬着,并且不平着,挣扎着……即使暂时失败……他却不过是单单的奴隶。如果从奴隶生活中寻出'美'来,赞叹,抚摩,陶醉,那可简直是万劫不复的奴才了"。他委婉地告诉读者:奴隶和奴才有很大差别,奴隶是一种生存状态,而奴才则是一种自鸣得意的心态。因为主子欺害他,他反过来还可以去欺压残害别人,心心念念地梦想有朝一日也做人主快活起来。鲁迅先生之所以一次又一次揭开国人的短处"疮疤",对奴隶是"哀其不幸","怒其不争";对奴才则是"哀其被辱,怒其欺人",本意都是唤醒民众,挺起脊梁骨,做一个堂堂正正的中国人,致力中华民族伟大复兴。青少年时期读鲁迅的作品总感到晦涩难懂,不甚喜欢。年长读来如醍醐灌顶,爱不释手,每每给人以深刻的启迪和良久的教益。

　　斗转星移,时过境迁。如今距鲁迅生活的那个时代已过百年，距离开国领袖毛泽东庄严宣告"中国人民从此站起来了"也七十年有余，曾经映射在国人身上那些人格缺陷和人性的弱点到底有多大突破和改进呢？的确一时难以评说，更不敢妄下结论。不过，就所见所闻而言，可以大胆断言，仍有许多方面有待改变，一些丑陋现象实在不敢恭维，它不仅污损着当事人的心灵，也影响着国家民族的形象，扭曲着社会生活秩序的良性运转。

中国是个有着五千年文明史且从未断流过的古老国度，中华优秀传统文化博大精深，也曾塑造出汉唐雄风、康乾盛世、"万国来贺"的高光时刻，这也是时至今日国人津津乐道的自豪和荣光。但骄傲之余，请不要忘记了近代百年割地赔款，租界地公园"华人与狗不得入内"的屈辱历史。在这里仅说几个小片段：1840年至1842年第一次鸦片战争，英国十六艘舰船上的四千名陆军，竟迫使清政府签订了丧权辱国的《南京条约》；1856年至1860年第二次鸦片战争，英法联军两万余人长驱直入北京，竟有市民带路，最后将圆明园付之一炬；1931年日军蓄意制造并发动全面侵华战争前奏的"九一八事变"，次年1月2日占领锦州，东北军不抵抗，遂使整个地区全部沦陷，全面的抗日战争不是在边境上，而是于1937年7月7日在北平（北京）卢沟桥打响（世界战争史上绝无仅有）。更让人汗颜的是统计资料显示，帮日本人做坏事的伪军总数为两百多万，是二战中唯一一个伪军数量大于侵略部队的战场，听起来多么荒唐恐怖！历史不忍细看，这曾经就是吾国吾民真实的状况。如果子孙们问起"中国人为什么不奋起抗争？"我将先选择沉默，继而告诉他们，中国自古至今从不缺乏仁义志士和民族英雄，比如"人生自古谁无死，留取丹心照汗青"的文天祥，"我自横刀向天笑，去留肝胆两昆仑"的谭嗣同，"国破尚如此，我何惜此头"的吉鸿昌，"砍头不要紧，只要主义真"的夏明翰，质问叛徒"我们中国人都投了降，还有中国吗"的杨靖宇，"怕死不当共产党"的刘胡兰……此等舍生取义的民族英雄，可谓灿若星河、光耀华夏！正是由于有他们这样的民族脊梁存在，才支撑起中华民族的精神大厦，也确保了中国永远屹立在世界东方。如果让汉奸、伪军、投敌变节分子得宠得势，继而助纣为虐，必定国将不国。当然，历史不能假设，我们唯一要做的就是在崇尚、讴歌民族英雄的同时，千万不要忘了在精神上扶贫扶智，切莫让容易患"软骨病"和"缺钙"的人继续坑害国家、坑害人民，惑乱政治生态。

毛泽东多次强调："人最宝贵的就是尊严。"他老人家一生最反感和瞧不起的就是对上对外崇洋谄媚、对下对内骄横跋扈的奴才相！他在看京剧《法门寺》时，指着贾桂对身边人说："你看他真是一副奴才相，人家叫他坐下，他说站惯了。"他后来进一步解释说："'奴才'和'奴隶'是有本质区别的。'奴隶'是被动的，他们是因为生活所迫被逼无奈，但自己还知道挣扎，还在向往着自由。而'奴才'却是自愿的，他们把一切都依附于主子。对上谄媚，对下骄横，根本没有自己的人生目标，还'陶醉其中，乐不思蜀'，'贾桂'就是这种万劫不复的奴才。"毛泽东生性刚强，敢想敢为敢担当，不屈从任何困难和压力，最看不上曲意逢迎之人，最赞赏不屈服不信邪的大无畏精神。毛泽东认为有人格而得生第一，奋斗被杀第二，自杀无能，屈服最屉。最最鄙视的是那些在强权和霸凌面前先跪下再趴下的"软蛋"。请诸君看毛泽东主席处理同两个超强霸权国家关系的两则例证。新中国成立后，中国与苏联签订了《中苏友好互助同盟条约》，一度经历了"蜜月期"。出于当时两大阵营对抗考量，特别是抗美援朝战争的胜利，苏联领导人对新生的共和国刮目相看，遂决定援建我国一百多个工业项目。时至1958年夏天，苏联领导人赫鲁晓夫要求在我国境内共建共用"长波电台"和组建"联合舰队"。在事关主权和尊严问题上，毛泽东等国家领导人毫不妥协让步，哪怕面对撕毁合同、撤走援建专家的威胁，也断然否决了这种不合理的要求，绝对不再容忍外国在中国地盘上拥有租借地，骑在中国人民头上指手画脚，哪怕两国关系破裂。20世纪70年代初，以乒乓外交和基辛格秘密访华为标志，他又拉开了中美建交谈判的序幕。在涉及台湾归属等系列主权问题上，毛泽东、周恩来等老一辈领导人仍然是毫不妥协让步，哪怕推迟建交或不建交。这种绝不屈从霸权威胁的艰难谈判，逼得美国无计可施。这为后来邓小平宣布，如果要解决问题，干干脆脆就是三条：废约，撤军，断交。中国还是那个中国，但新中国已不同于旧中国，任人欺凌的悲惨历史一去不复返了。2023年10月第三届"一带一路"国际合作高峰论坛在北京成功举行，有一百一十五个国家和四十一个国际组织代表来华参会，彰显了大国担当和自强于世界民族之林的尊严。美西方等少数国家不愿看到一个和平、繁荣、强大的中国崛起，肆意抹黑造谣，诬称中国是"战狼外交"，但这些杂音噪声无异于"两岸猿声啼不住,轻舟已过万重山"。

忘记了历史就意味着背叛。习近平总书记在纪念全民族抗战爆发七十七周年仪式上语重心长地指出:"历史是最好的教科书,也是最好的清醒剂。"牢记历史是为了开创未来,回顾敬仰历史上可歌可泣的民族英雄也好,痛斥汪精卫、陈公博、周佛海、王克敏、殷汝耕、陈璧君之类的汉奸卖国贼也罢,都是在警醒国人应深入思考如何做人,怎么做一个无愧先烈、无愧子孙、顶天立地的中国人,真正为民族振兴、国家富强、人民幸福贡献自己的绵薄之力。当今世界风云变幻,正经历百年未有之大变局。以美国为首的西方阵营,极度焦虑恐惧中国的崛起和强大,除在我国周边频频制造事端进行军事施压挑衅外,还蓄意发起贸易战、科技战、金融战、舆论战,与我国搞所谓"脱钩""断链",妄图遏制打压中国强劲发展的势头,剥夺中国人民过上美好幸福生活的权利。试问,身为中国人岂能忍辱偷生、任人欺凌宰割?有道是"天下兴亡,匹夫有责",每一个有良知的中国人都应当与党和国家风雨同舟、同心同德、共御外侮。在这场没有硝烟的战场上,非常令人遗憾的是极少数当代"汉奸""卖国贼"又从不同角落借尸还魂"冒"了出来。这些人主要是一些靠不正当手段攫取巨额财富的既得利益者、红皮黑心的"公知""大V"、被收买变节的"第五纵队"成员、意志薄弱而被"糖弹"击中的腐败分子。他们的共同特征是唱衰唱空中国,认为美西方的月亮比中国圆,什么都比中国的好,做什么伤天害理的事都是对的,似乎搞霸权欺凌都是天经地义的,而我国采取什么样的应对措施都是错的,都不合"潮流",都注定会失败。说穿了,他们的潜台词就是别抗争,乖乖"听话,先跪下,再趴下",这样美西方就不会再打压遏制了,兴许还会与我们合作发展经济,施舍点儿残羹剩饭,真是活脱脱一张奴才嘴脸!其目的,无非是置国家和人民利益于不顾,以便他们个人从中渔利和"洗白"不明财产以求自保。果真按这一小撮人的逻辑发展下去,其结局将会惨不忍睹。当年末代皇帝爱新觉罗·溥仪不是在日本人面前跪下了吗?头号大汉奸汪精卫不是也在日本人面前跪下了吗?其后果众人皆知。在实现中华民族伟大复兴的征程中,外部压力虽大但不足为虑,只要我们十四亿中国人万众一心奋发图强,就没有克服不了的困难,没有战胜不了的敌人。列宁曾说过,堡垒最容易从内部攻破。当务之急，我们最该防范和清除的是那些跟随美西方节拍跳舞的"内奸"走狗。他们的奇谈怪论和阴招损招貌似为国为民，实质上是隐藏在我们内部误国害民的心腹大患，其损毁破坏力比外部敌人更凶恶可怕，不能不痛打之铲除之。

以上我们着重讲了挺不起腰杆子、吃里爬外的"奴才"们，下面再说一说社会生态建设问题。几千年的封建历史，无疑也积淀了一些糟糠文化和不良习俗，一遇有适宜的气候和环境便沉渣泛起。什么"人分三六九等，物有高低贵贱""人穷志短，马瘦毛长""人在屋檐下，不得不低头""枪打出头鸟""出头的椽子先烂""心字头上一把刀——忍为上"，如此的做人"箴言"林林总总足有几箩筐，说到底就是规劝人们要自觉自愿听从所谓"命运"的安排，逆来顺受，凡事莫冒头、休争先、别反抗，做一个乖乖听话的"顺民""良民"最安全。恰恰是这些类似心灵鸡汤的东西，严重消弭了国人的气节、血性和担当。插点儿题外话，当年我看了几部抗日神剧（电视片），打日军如同儿戏般轻松容易，我借回河北老家探亲之机问询健在的老人，他们告诉我："根本不是那么回事。两个日本鬼子撵着全村几百口子老百姓到处跑，一个班的鬼子兵就能控制一座县城。"我疑惑地问："为什么不打小鬼子呢？"老人叹了口气说："日本兵很凶残，没人敢挑头，都怕遭报复，宁可一起死一块儿活。后来，共产党和敌后武工队来了，才逐步组织起抗日队伍。"恨哉！怨哉！泣哉！一个充斥着内心弱小、贪生怕死的懦夫的民族不可能称雄于世界，一个胆小怕事、唯唯诺诺的人不可能受到世人的尊重。我非常推崇金一南《心胜》书中的观点："战胜对手有两次：第一次在内心里，第二次在现实中。"心胜则兴，心败则衰，古今中外尽皆如此。

在这茫茫的人世间，本来人人生而平等。尽管各自生存状况千差万别、官职大小不一、财富多少不同、工作性质有别、家庭背景各异，但造物主赋予每个人不可让渡的权利，其中包括生存权、自由权和追求幸福的权利。让人难以理解的是，不知从何时起，阶层和等级观念弥漫于社会各个角落，"仇富""仇官"一度成为社会常态，几乎再也看不到20世纪50至70年代那种大家和睦相处的生活场面，纯朴友爱的感情被冷漠所替代。分析产生上述问题的原因，主要是社会贫富差距拉大，权贵意识抬头所致。一方面占有社会资源、财富的少数精英阶层，丢弃了为人平等互尊的初心，时常摆出一副唯我独尊、盛气凌人的架势，有权时无所不为，对普通民众趾高气扬，甚至颐指气使，导致百姓不满，滋生出仇官、仇富心态。另一方面，社会地位较低、生活相对贫困的普罗大众则分化为三种类型：一类是追赶型，即通过自身锲而不舍的努力打拼，期待跻身于上层社会，过上更好的生活。第二类是降服型，即对精英层顶礼膜拜，不惜卑躬屈膝，对同于或小于自己年龄的官太太、阔太太喊姨叫（干）娘，期望得到特殊关照和赏赐。这类人一朝得宠得势，就如同鲁迅先生说的"奴才"一样，反过来会欺负不如自己的人。第三类是对抗型，即对精英阶层不认同不服气，感到那些人的权利和财富是靠侥幸或不正当手段获取的，表现出对社会不满，对官员和富人极度仇恨。这类人对社会危害较大，遇有不称心不如意的事情就容易走极端，甚至走上违法犯罪的道路。社会上时常针对无辜群众的暴力事件，多系此类人所为。因此，必须加大对精英层教育引导力度，根植各级官员的为民情怀，像焦裕禄、杨善洲那样权为民所用，利为民所谋；像玻璃大王曹德旺那样先富不忘后富，捐资助学，为国济民，当一个有良心和道义的企业家；通过实在管用的政策举措，既扶贫困又扶心智，尽快缩小社会差距，努力实现公平公正，创建互尊互爱互助互谅的和谐社会。

"人无刚骨，安身不牢。"骨气是人生的灵魂支柱和精神脊梁。一个人有了骨气，人品就有了高度，人格就有了硬度，遇事就会体现出应有的血性、气节和担当。在任何时候任何情况下，生而为人绝对不在横行霸道、蛮不讲理的权贵面前趴下，更不在威逼利诱面前向敌人屈膝下跪。要明白外国再好，那不是你的生养立足之地，祖国再有不足和缺憾，那依然是你的根脉和归宿；别人再富再贵，替代不了自己自食其力。我们做人就要正义在胸，浑身是胆，铁骨铮铮。我可以不富不贵，但我不媚不俗；我可以流汗流血乃至牺牲，但我永远不会趴下，更不会下跪。因为我知道，我是一个站起来就不会倒下去的中国人！记住，人的一生什么都可以丢弃，唯有尊严这副"铠甲"要永远穿在自己身上。

家庭幸福美满全靠耐心经营

家庭，既是一个物理空间、情感空间，也是文化空间、生活空间。如果人的平均寿命按八十岁计算，共有七十万零八百小时，减去上学、工作和社交等活动，仍然有三十五万零四百小时与家人朝夕相处，荣辱与共。人人都渴望有一个幸福美满温馨的家庭，因为这里是你的出生之所、栖息之地，也是身心和情感最终的归属所在。人一辈子生活质量高低，多数是由家庭幸福不幸福决定的。

托尔斯泰曾经说过，幸福的家庭都是相似的，而不幸的家庭却各有各的不幸。主观上人人都盼望家庭幸福美满，但往往被客观现实击得粉碎。常见的夫妻反目、家庭冷暴力、孩子失足、父（母）不慈子（女）不孝、生活窘迫、妻离子散等百态丛生，让人苦恼不堪，整日生活在郁郁寡欢的阴影中，有的甚至想早点儿逃离原生家庭，与家庭诀别的案例多有发生。

那么，问题来了：为什么人人都期待生长在一个幸福舒心的家庭，却时常鸡飞狗跳、一地鸡毛呢？大道至简：因为不懂或叫不善经营。有人说，管理企业要善于经营，一家人还需要经营吗？是的。一定要精心耐心苦心经营，一家人才能其乐融融，小日子过得红红火火。

经营，是一系列指向特定目标的行为，泛指计划和组织。老百姓常讲"吃不穷，喝不穷，计划不周一世穷"。现在家庭结构二元居多，即父母和子女，相对简单一些，20世纪80年代前哪个家庭不是三代、四代同堂，大大小小十几口人吃住在一起过日子？这个大家庭要实现幸福美满，一定要有一家之"主"运筹帷幄，掌舵导航，善于统领家庭成员各尽其职、齐心协力构筑幸福的安乐窝。

在这里，我不妨将我老家的情况概述一二，兴许有点儿借鉴意义。我出生在燕山脚下一个比较偏僻的小山村，当时有爷爷奶奶、父母和三个姑姑，还有我哥哥和一个姐姐。随着姑姑们陆续出去工作嫁人，我又有了嫂子和三个侄儿，一家子始终保持在十人左右，如果我大侄媳妇早半年生下大孙女，到当时包括仍健在的奶奶这辈，我的家差点儿五世同堂。在很长一段时间内，我家的主要经济来源，是父亲抗美援朝返乡后在当地一家医院工作每月不足50元的薪水，其生活拮据可想而知，直到我哥参加工作才略有缓解。这么一个上有老下有小缺乏壮劳力的家庭，却被母亲经营得风生水起，日子过得有滋有味，一家人欢欢乐乐。我参军入伍后，每每忆及乡下那温馨的老家，鼻子总是酸酸的，眼睛也不由得湿润起来，最让我终生难忘的是三寸金莲忙个不停的老母亲的身影。她1924年出生在当地的一个大户人家，自嫁到我家后便挑起了家庭重担。父亲工作在外顾不了家，她上伺候公公婆婆，下照料养育一群儿女，终因经济和生活的双层重压，我另一个哥哥和姐姐不幸幼小染病夭折。母亲坚定地表示，今后再苦也不能苦了老人（指爷爷奶奶），再穷也不能穷了孩子。此后，他精打细算，省吃俭用，把玉米、高粱、红薯等粗粮做成二三十种花样的"细粮"食品，使我们大开胃口。逢年过节，她总是给每个人买件新衣服新鞋子，做两顿带肉的好菜好饭，因而小时候我总是盼着过年过节。在我的记忆中，她从未为自己添置过一件新衣服。每次吃饭总是让我们先吃，她最后上桌把剩菜剩饭一扫而光。偶尔改善生活或来客人吃剩下的好饭好菜，她仍不舍得自己吃，总是让我端送给村里的病人或亲友。我不解地问她："您不爱吃好东西吗？"她笑笑对我说："小时候在你姥姥家吃腻了，吃点儿剩饭剩菜更有营养。"我不禁哑然。这就是我那平凡而伟大的母亲！她总是像陀螺一样旋转不停，却没说过一声累；从来都是先人后己，却没抱过一次委屈；永远都在不停地思虑，怎么让家中的每个人各得其所，把每件事办得更遂每个人的心愿。母亲的言行深深影响感染着家中每个成员，大家都自觉地听从她调度安排。在我的印象中，她一生都是在付出在给予，从未叫过苦喊过累，更没有过索取和回报的念头。

另有一件难以启齿的小事，不妨也说出来。我小时候长得比较瘦小，走路比较慢，人送雅号"二老爷子"。对此，我很是不爽。母亲知道后，语重心长地开导我说："孩子，别人怎么说你不打紧。只要你好好读书，努力上进，长大了就不愁吃不愁穿更不愁找个好媳妇儿。说不定你还能给国家做点儿事嘞。"如今我早已过了耳顺之年，一路走来之所以不畏艰难勇毅前行，始终保持坚定乐观的人生态度，不能不说与母亲的家庭教育有密不可分的关系。

以上所述似乎离本文主题远了些，那么书归正传，说一说怎么才能经营好一个家庭，及时按下开启幸福美满家庭的"快捷键"吧！

首先，要把彼此关爱放在首位。家是爱的港湾，是满足情感需求的精神家园。虽说一家人不要太过"客气"，但相互关心、爱护、帮扶是必不可少的内容。一家人无论哪个成员能力大小、出力多少、表现优劣，谁都不能嫌弃蔑视，更不可恶语相加，要尊重彼此的差异；不管哪个人生病了，或在外面受到伤害委屈，都要主动慰藉呵护，不能埋怨指责，可以说家是所有人共同的避风港和防火墙；当对家庭建设和某些家庭成员的行为习惯有不同看法时，应和颜悦色坦诚交流沟通，不能大声训斥责怪谩骂，使每个成员时时能感受到家庭的温暖和给予的力量。有位哲人说，家是讲情而不是论理争出高低上下的地方，我深以为是。唯有这样，才能让家充满爱和温暖，使人产生一种倦鸟归林的归属感。

其二，中青年夫妻重在唱好"主角"。任何一个家庭其成员始终处于一个动态的变化过程中，父母年老体衰成为爷爷奶奶或姥爷姥姥时，作为中青年的子女自然要接过支撑家业的接力棒，当好统领筹划家庭延续发展的主导者和扛包人。其中,作为家庭顶梁柱和实际操盘手的中青年夫妻是否做到夫善妻贤、和衷共济,直接决定这个家庭未来的运势和走向。因为其他家庭成员居于从属和被支配地位,只能起辅助作用。中青年夫妻的一举一动、一言一行,都在潜移默化地影响着家庭每个成员的思维认知和情绪变化。因此,"当家人"必须认清肩负的责任,注重调理好家庭内部各方面的关系,未雨绸缪地制订和修正发展规划,身体力行打拼生活的幸福度,不仅给家庭成员创造衣食无忧的物质生活条件,而且给他们带来相处甚欢的精神享乐。虽说普通百姓不能与权贵家庭相提并论,但道理是一样的。众所周知,秦朝和隋朝的开国皇帝是何等英武,励精图治开创了繁荣局面,令人唏嘘的是两朝命短二世而亡,均败在继承人身上。更让人可气可恨可笑的是胸有大志的刘备、睿智过人的诸葛亮竟安排"扶不起的阿斗"做后主,贪生怕死且昏庸无能的刘禅不战而降,还闹出了"乐不思蜀"的笑柄。秦二世胡亥听信奸佞赵高摆布,被逼自尽,葬送了江山,自不待言。可见,再好的家业基础,如遇无德无能无力担当重任的后人,也无法承续前人家庭乃至国家的宏图伟业。

其三，各司其职，相互成全。一家人除了发挥主干作用的中青年夫妻外，往往上有老下有小，每个人都应找到自己的定位和职责所在。中青年夫妻背负工作和家庭生活的双重压力，作为最高年龄的长辈，要体谅他们的苦衷，少添麻烦多帮忙，身体条件允许就主动帮他们带带孙辈、做做饭，尽力减轻他们的后顾之忧。当小夫妻发生矛盾时，一个是少介入，防止添乱；另一个是私下多批评亲生儿女，使儿媳或女婿感受到老人通情达理的厚爱。对于孙辈，主要是教育引导他们养成良好的学习和生活习惯，重点是疼爱而不溺爱。当发现孩子有缺点和毛病时，不可粗暴打骂体罚，重在循循善诱为其开智引路，让孩子在宽松仁爱的家庭环境中健康成长。这样，一家人老有所为所乐，中年夫妻砥柱中流，少儿勤学上进，相互支持勉励，这样的家庭氛围，烟火岂有不旺之理？

其四，恪守家规家训。常言道："国有国法，家有家规。"一家人性格、爱好、习惯各不相同，没有一定的规矩或叫共同的信仰和价值观做支撑，每个人都任性而为，这个家庭肯定矛盾冲突迭起，吵闹不断。所以，历史上每个家庭都有一套成文或不成文的家规家训，以作全家人共同遵循的守则。区别在于规矩的多

与寡,遵守得好与差。在以家规家训治家方面,曾国藩无疑堪称典范。在这里,辑录几则,请对照一下本家有无这方面的内容,执行得是否坚决彻底。"事以急败,思因缓得。""与多疑者共事,事必不成;与好利人共事,己必受累。""大处着眼,小处着手;群居守口,独居守心。""清高太过则伤仁,和顺太过则伤义,是以贵中道也。""轻财足以聚人,律己足以服人,量宽足以得人,身先足以率人。""家俭则兴,人勤则健;

能勤能俭，永不贫贱。"以上曾国藩的众多家训，涉及为人处世、兴业治家、自我修养等方方面面，时至今日，体悟其中蕴含的深刻道理，依然令人折服。曾国藩生前明确表示不给子孙留金银财宝遗产，却留下了不朽的家风家教传承，这也就难怪他逝世后百年内十代子孙中，竟出了二百多位成就非凡的名人。而我们现在一些人反其道而行之，弃家规家训家教家风于不顾，拼命赚钱捞钱贪钱，多是为儿孙辈积累家产；不幸的是自身却为富不仁，有的子孙也参与其中，或因罪获刑，或很快败光了家业，岂不悲哉！作为普通人家，我们可能写不出那么精妙的家训，但家规一定要有，哪怕是小到待人接物要懂礼貌讲礼节，吃饭时长辈不动筷晚辈不能先吃，主动分担家务琐事，当天事当天毕不拖沓，受人照顾要道声"谢谢！"从大到做人做事，小到一日生活起居，都要有规矩章法。久而久之，规矩成了习惯，无论与外人或家人相处，彼此都能感觉舒服暖人。

其五，善于化解矛盾和危机。一个人、一个家庭过日子不可能始终顺风顺水，总会遭遇这样或那样的压力和危机甚至天灾人祸，比如孩子高考落榜、就业遇到阻力、被拐被骗、欠债难还、婚姻危机等问题，这就需要家庭所有成员发挥集体智慧共同化解。一个是在危机出现前就采取预防措施，防止危机发酵蔓延变得不可收拾；另一个是在困难和危机面前重新规划家庭生活，过了这个沟坎继续奔向幸福生活的大道，绝不让压力和危机毁了这个家庭。我同事的弟弟，在当地是小有名气的企业家，突遭车祸身亡。他爱人当时才三十岁左右，毅然担起了管理企业的重担，把一双儿女培养成大学生、研究生。如今企业做得越来越大，孩子也有了工作成了家，她自己又找到了真爱，重组了又一个不同姓氏多子女的幸福家庭。我由衷地为这个坚强又智慧的女人点赞，她这种不向命运低头的精神，鼓舞了身边许多遭遇困境的家庭走出了危机的漩涡。当然，危机管理失常的反例更是让人瞠目：一个是民国首任大总统袁世凯，在大儿子袁克定等人"神"操作下，弄出新闻（报纸）劝进，他就坡骑驴宣布恢复帝制并自称皇帝，引发声势浩荡的护国讨袁运动，袁不得不在做了八十三天皇帝后自行取消帝制，随后因病气绝而亡。死前他也曾指着儿子愤怒地骂道："欺众误国！"但已无济于事了。另一个更奇葩的是震惊世界的尼泊尔王室灭门惨案，缘由王储迪彭德拉不满父母干涉他含有禁忌的择偶选项，竟于2001年6月

1日家庭晚宴上，举枪射杀了包括父王比兰德拉在内的十名皇室家族成员，其暴行令人发指。这两则极端的事例，均反映出家庭危机管理不善导致的恶果。

其六，创建和睦融洽氛围。陪伴，是人间最长情的告白。在漫漫人生中，最幸福的时光莫过于一家人聚在一起，吃着可口的饭菜谈天说地，聊过去谈未来，父母疼爱着儿女，夫妻相互体贴暖怀，又有子孙绕膝之欢，一起孝顺着家中老人，所有烦恼和不快早已抛之脑后，那是一幅多么温馨幸福的最美风景画呀！生活需要一些仪式感，每当逢年过节、老人生日、孩子金榜题名、喜迁新居、工作上取得重大成就等时机，全家人尽可能地聚在一起庆贺一番，既是对当事人的鼓励鞭策，又是一起分享大家庭凝聚力向心力带来的快乐和满足。现在，单亲和再婚重组家庭日渐增多，更需要必要的仪式聚拢人心。

人这一生，无论你在仕途上做多高的官、在商场里赚N多的钱，或是曾有多么耀眼的光环，都不过是过眼云烟。家，才是你生命的锚泊地、心灵的终极归宿、永远魂牵梦绕的爱巢。但建造幸福美满的家，仅有良好的愿望还远远不够，它要靠家庭的每一个成员共同苦心经营，赓续爱家守家护家强家的筋骨血脉，绝对不能做损家毁家恨家的败家子。全国各地开展的创建"五好家庭"活动,是推动家庭建设的有力抓手和载体,应积极参与其中,做到见贤思齐。忠厚传家久,诗书继世长。谁家都有难念的"经",有不顺心的事、不尽如人意的地方,你能做的就是努力改进改善家庭环境,从幼儿的家教家规抓起,敦厚家德家风,自律言行举止,并世代相传。如此这般,即便遇到不测之事,也会波澜不惊地化险为夷,幸福美满将与家庭每个成员久久相伴!

做一个优雅平和知趣的老人

时有春夏秋冬,人有少青壮老。生命步入花甲之年,对绝大多数人而言,意味着从各行各业回归家园,从有规律地早出晚归到自主调控一日作息,从"喝令三山五岳开道"变为"无可奈何花落去",从"春风得意马蹄疾"转瞬成了步履蹒跚白头翁,这是天下所有人的宿命。如何度过这段夕阳西下的晚年岁月,是摆在每一个老人面前的新试卷、必答题。

莫道东隅流光去,还向桑榆争朝夕。退休回家开启另一程新的生活,多数人肯定有一段"不适期"。有的愁肠百结,唉声叹气;有的壮志凌云,幻想"梅开二度";还有的不知宿命,"向天再借五百年"。自然规律不可抗拒,更不以人们的主观意愿为转移。老了就是老了,身体机能弱化,心力精力体力衰减,接续发生一系列嬗变,都是不争的事实。我们既不必凄凄惨惨戚戚，也不必期待独自成"仙"，最现实最管用最接地气的做法，莫过于调整好心态，真正从思想、心理、物质和未来的行动上做足功课，坚守不喜不忧平常心，方能过上优哉游哉的晚年生活。

"君子有所为，有所不为。"作为一个退休老人，更要对余下的生活有所选择，而且一定要少做加法多做减法题，坚持老有所好、老有所为、老有所养、老不生事，决不能老无所爱、老无所事、老无所托、为老不尊，做到平和、优雅、知趣，这样才能自己安然舒坦，他人欣然留恋。

坚持得之坦然。人到迟暮年华，相当于从秋过渡到冬，到了冬藏时令，意味着采摘收割的季节已经过去。人生亦如此，既然离开了工作岗位，大可不必再为名利所累，像有的人那样，为当个什么这个"家"（比如作家、书法家）那个"家"（比如演说家、音乐家），东奔西走忙个不停，还有的为子孙积累财富，到处去做兼职打工赚钱，往往还不受人待见，纯属自己找罪受。当然，身体条件允许，又确有一技之长，发挥点儿余热服务社会，也是一件利国利民利己的好事。我熟识的一位退休老首长德厚才高，至今仍担任中国关心下一代工作委员会常务副主任，为青少年健康成长事业做了许多非常有意义的贡献，闲暇还出版了几本有质量抒心怀启心智的诗集，深受大家的爱戴和尊敬，人称"儒将之花"。又如，几次为我出书作序的张圣洁老师，人品敦厚且有仁者之心，如今已近八旬高龄仍笔耕不辍，为弘扬中华优秀传统文化呕心沥血，今年3月被《中国老年》杂志遴选为封面人物。如果一个人德位相配，浑然天成，则得之坦然，万人敬仰。相反，作为一个普通人实在没有必要再去不遗余力追名逐利，去干那些伤身伤心伤情之事，坦然过好老年生活就是最好的归宿。

坚持失去淡然。人生如茶，有沉有浮，有得有失，这本就是人生的常态。离职退休后，远离了尘世的喧嚣和名利的困扰，过上一种清静逍遥、自由自在的新生活，那是一种多么迷人惬意、多么令人神往的人生化境啊！但有些老人就是转不过弯来，依然留恋过去的位子、车子、票子，脑海中反复闪现曾经前呼后拥、号令天下的时光，对现实退休生活这也看不惯，那也不顺眼，经常骂骂咧咧发泄不满，逢人便讲世事凉薄，我那时享受什么待遇，当年如何风光无限，似乎谁都对不起他。说狠点儿，这是一种病态心理。谁也不是"铁帽子王"，你过去的待遇和风光是工作与事业的需要，已成英语"过去式"，不能沉醉其中醒不过来，当下你最该做的就是失之淡然，心无挂碍地颐养天年。在这里不妨讲两个比较典型的小例子，都是我认识且比较敬重的老领导。一个领导只会当"官"，退休后也没有什么特殊的爱好，偶尔约老友旧部喝两杯小酒。久而久之，没了当年当官的感觉浑身不自在，便"命令"自己的老伴为他拎包拿茶杯，每天吃什么饭菜必须先写清单报告，待他审查签字批准后方可操作。此人心地善良，就是过不了离岗退休关，不足七十岁便抑郁而终。另一位曾经是我的直接领导，他十四岁便在家乡参加了新四军，打过日本兵，参加过抗美援朝，转战几个军兵种，为新生共和国的建立和发展贡献颇多，荣立过若干个二、三等功。这样一个功勋卓著的老兵，直至在正团岗位上离休（享受副师职待遇）。在他98岁高龄祝寿宴上，大家都说老领导这辈子有点儿亏，他摆摆手说："不亏，不亏！与我一起出生入死的战友比，他们许多人十几岁、二十几岁都牺牲在战场上了。我快活成百岁老人了，党和政府还给我这么好的待遇，该知足啦！"他接着说："年岁大了，干不了事了，唯一能做的就是少给国家、亲友和家人添麻烦。"他说的虽轻淡，却让所有在场的人心灵震颤，无不泪眼汪汪。是啊，世上什么东西属于你？人死如灯灭，一切都归"零"，那些为正义曾以命相搏的人看得最透亮，我们还有什么耿耿于怀、惴惴不安的呢？淡然看待得与失，去留随缘随意，才是老年人应有的胸怀和活法。

坚持遇事超然。人的烦恼和苦闷，大半来自物欲和世事纷扰。行至暮年，历尽千帆，应果断转换"频道"换个活法，采用超然物外、超然事外的态度来处理所遇一切事物，万万不可"逞能"，深陷其中不能自拔。如果说人老了能超然物外，不再刻意追求肉眼可见的利益尚能做到，那么遇事不闻不问不管，真正超然事外的人则少之又少。我们只有退而求其次，坚持"身处事中，心超事外"。这不仅是一种生活态度，而且是重要的人生哲学。虽然多数老人退休赋闲在家，但家事国事天下事声声入耳，不可避免地或多或少卷入现实生活的各类事件之中。中国有句俗话，叫"管闲事，落不是"。世界和国家大事，我们可以听一听便作罢；曾经工作过的单位的事，亦可不再牵肠挂肚搞"遥控指挥"；家庭内部的事、与社会交往的事，则往往想躲也躲不过绕不开。譬如，容易引发矛盾的穴点，一个是与长大的儿女住在一起很热闹人气旺，但往往

说不到一起、吃不到一块儿,想法各异,还是分开住各自方便最好;另一个是晚辈小两口发生争吵闹别扭,你看着干着急又不好管,最好的办法是"装聋作哑"不掺和,若非管不可就背后多批评自己的儿子或女儿。对他们事业和生活中的事少过问少出主意,更不要越俎代庖,落个费力不讨好。另一个人人都难回避的事就是帮助儿女照管孙辈,这种活儿有时比上班还让人提心吊胆、操心费力，能请阿姨照管就主动出资赞助，乐观其成；若非要老人带孩子，那就按儿女的意见办，只负责安全和生活，不要凭老经验指指点点，学习、教育上的事更要交给其父母督管。一代人不要非管下两代人过多的琐事，管得越多矛盾越多，自己还闹一肚子气无处诉说。当然，生活像一团麻，晚年遇到的大事小情远不止这些，你愈是执着地想把控所有的事情，则事情愈是向你期望的反方向发展，倒不如超然事外，能撒手时就撒手，绝不当"掌勺人""裁判员""不管部长"为好。如此尽可能地超然，由家庭矛盾带来的痛苦、失望和烦恼便会烟消云散。我奶奶曾经就是这样一位睿智的老人，他活了九十三岁从无是非，广受子孙和街坊邻居赞誉。人老了嘴碎，爱管闲事爱瞎叨叨，惹得谁都不爱听不高兴，这又何必呢？一定要知趣，彻底改掉"咸吃萝卜淡操心"的毛病。

坚持争其必然。《道德经》里讲："夫唯不争，故天下莫能与之争。"老子告诫人们莫与他人争长斗短，则天下没人同你再争斗。人过了花甲之年，就更没必要争地位、争名誉、争利益、争短长，一般情况下保持三缄其口，换来心安神宁少有纠葛，则何乐而不为？但愚以为，老人毕竟也是有认知、有底线、有情怀的高级动物，不是可有可无随意安置的一件物品，争其必然自在情理之中。有三件事非争不可：其一是争气。人老不能倚老卖老，更不可事事依赖他人，包括自己的儿女亲友，坚持自己的事自己办，少给他人添麻烦，争当一个自尊自强自爱的优雅老人。其二是争大道。对一般事情可以闭眼闭嘴不管，对真理、正义等大是大非问题则不能听之往之。比如一段时期，受境内外敌对势力蛊惑，一些别有用心的人在网上或私下不同场合，极力诋毁开国领袖毛泽东主席，诋毁不同时期的民族英雄，篡改抹黑我党我军历史，是可忍孰不可忍，我怒而发文痛斥。个别人说我是"老愤青"，我依然义无反顾，至死坚守国家和民族大义。其三是争人格。对于身外之物和生活中鸡毛蒜皮的事情都可以不计较不争辩，但面对他人对自己人格的贬损和合法权益的肆意践踏则不能忍气吞声，而应采取合法合规手段据理力争并予以守护。尊严的领地神圣不可侵犯，但对老态龙钟的耄耋之人来说，却有许多无奈，这也是所有老人的悲惨之处。

坚持顺其自然。生老病死乃自然规律，任何人都无力抗拒无法逃避。六七十岁以上的老人身体，就如同一台开了几十年的老汽车，不是这个部件损伤，就是那个部位出毛病,这是很自然的正常现象,应从容淡定应对,过度焦虑害怕则会适得其反。现在食品安全隐患和大气污染导致的各类疾病千奇百怪,尤以心脑血管疾患和癌症最为凶险。据我所知的身边人,突发心梗死亡的有十几例之多,查证患癌症中晚期的大约有五六十人,其中一部分积极乐观对待疾病,主动配合治疗的人,绝大多数挺过了七八年,少数已过十几二十多年依然生活如常;另一小部分心态没有调整好,谈癌色变的人,查出癌变几个月至一两年内就被"吓"死了。所以,老年人一定要尊重规律、敬重科学、保重自己,采取顺势而为的态度,小病小恙积极治疗莫挂心上,大病难病耐心养治不要恐慌,树立起与疾病共存、与疾病斗争的勇气和信念。那些身体相对健康的老人应防患于未然,千千万万别瞎折腾。退休之后,有一两样兴趣爱好本是好事,无论是唱歌、跳舞、打球、照相、游泳、钓鱼、走路、上健身房,还是养花、种草、写字、绘画、打牌、喝酒、带孙、旅游、去当能工巧匠,对所有爱好都不能太痴迷太执着太过度,必须量力而行,适可而止。因偏执爱好而伤身乃至病亡的老人有逐年增多之势,身边熟人出"故障"的亦不乏其例。确保身体相对健康长寿,始终

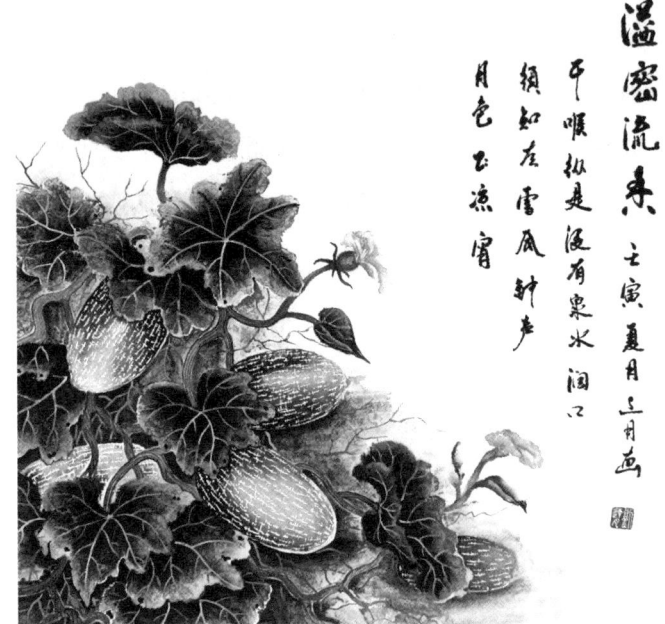

是老年人的第一要素；如果本末倒置将得不偿失，不仅会给自己带来伤害，还会给家庭及子女增添负担和麻烦。身体垮了，生命质量自然会下降，晚年幸福生活等一切人生的美好规划将荡然无存。

坚持永远嫣然。娇媚的笑态，美好的样子，非女性独占独有。人到晚秋，就像一棵饱经风霜的老树，肌肉松弛，皮肤起皱，走路摇摆，但风骨仍在，神韵犹存，无论遇到怎样的艰难与困顿，永远保持微笑前行，这是所有老年男女朋友应当共有的形态和风采。我十分钦佩杨绛先生，她以一百零五岁高龄完成了人生圆满的答卷。她的一生可谓跌宕起伏，有过世界文坛获奖领奖的高光时刻，也有被迫"劳改"扫厕所的不堪惨境，让他痛彻心扉的是20世纪末女儿钱瑗、丈夫钱锺书先她相继离去，但她依然波澜不惊踽踽独行，相继完成了《钱锺书手稿文集·中文笔记》和《我们仨》等多部文稿作品，以笑傲人生的姿态展现了对生活的挚爱和眷恋，诠释了老年人优雅平和的活法和价值所在。我们多数人可能不及杨绛先生的学识和修养，但我们可以学她为人处世的风范，聆听并践行她终生感悟的经典名言："别人好不好不重要，自己好不好才重要。别人对你有多好也不重要，自己对自己有多好才重要。任何关系任何人都不会一直不变，所以无论外界怎么变，爱自己的心都不要改变。"如此醍醐灌顶的箴言，足以让人明了接下来的生活究竟应该怎么过。假如过去你想得太多，管得太宽，诸事不遂己愿，心中积蓄愤懑，那么就从今天开始，从读了杨绛名言起步，从内心到仪表重新"拾掇"自己，真正关爱自己，别再舍不得花那点儿带不进坟墓的小钱，买些比较得体时尚的衣服鞋帽，先把自己"武装"起来，既能改善形象，体现老人的精神风貌，又让别人看了舒服亮眼，有亲近亲和感。千万别再管这管那，这也看不顺眼，那也想怼几句，彻底保持平和温润的做派，笑对变幻莫测的人生百态。这样，你便进入了"嫣然一笑百媚生""万事随缘自从容"的美妙境地。

谁都期待给自己的人生画一个圆满的句号，那就要看穿人性、悟透世情，当自己命运的主人，守护好老伴儿、老窝、老本（存款）和知心老友，增强与衰老抗争的底气，持续沉淀内心世界，清空与生命质量无关的外物，努力做一个优雅、平和、清淡、知趣的老人，以自知自足自乐的心境看待生死，带着热爱和感恩顺利走完生命的旅程。

后　记

人生如逆旅
我亦是行人

　　本来退休回归家庭，理应含饴弄孙，颐养天年。在一帮老友的撺掇下，写了两本有关人生话题的小册子，反响还不错。谁料想，熟悉和不熟悉的读者、亲友纷纷希望我继续写下去，特别是曾为我书作序的恩师张圣洁先生，或当面或电话再三鼓励催促我别停下，继续抒发真情实感。恭敬不如从命，于是乎，又写了这本《人生之旅》奉献给诸位友人。

　　我已是过六奔七跨入暮年行列之人，经历过大大小小很多事情，也阅历了各种各样不同类型的人，大家都在追问人生的意义究竟是什么？谁都难以给出一个人人满意的答卷，本人搜肠刮肚同样没有完全破解这道跨世纪谜题。现在比较流行的说法是"没有意义"，包括一些社会上有名的大咖和大媒体名嘴都这么认为，我却不以为然。极而言之，如果人活着真的什么意义都没有，何必处心积虑往上攀爬，今天想干这个，明天想干那个，后天又想得到什么名利，实现什么个人理想和目标，倒还不如干脆坐吃等死算了，反正早晚都是一命归西。因此，我认定人生不仅有意义，而且有各自存活的价值。若说人生的意义，其玄机可能就隐藏在不同的选择和旅程中的所作所为里。用比较形象点儿的话说，人生就是一趟从生到死、有去无回的艰难旅行。北宋理学家张载的人生追求是："为天地立心，为生民立命，为往圣继绝学，为万世开太平。"他的抱负震烁寰宇，成为历代中国知识分子的崇高理想。当然，作为普通民众可能力有不逮，但并不妨碍做一个自食其力的中国好人。生而为人，不仅仅是为自己活着，还要为家庭、社会和国家尽绵薄之力，为这个世界带来些许光亮和温暖。当你为确立的人生目标奋斗着，你便收获了更丰富更有趣的人生体验。任何时候都不要轻易自我设限，当突破了一个又一个未知领域和"不可能"时，一种自豪感、成就感、幸福感会油然而生，"不白活一回"的感叹呼之欲出。

"人生到处知何似，应似飞鸿踏雪泥。"（宋·苏轼《和子由渑池怀旧》）人来到尘世间，的确生不带来、死不带去任何东西，到头来倾其所有都将化作一缕青烟,转瞬消逝得无影无踪。因而应活得豁达大度一些,不要畏惧坎坷挫折,以笑对人生万重关的胸襟,去体验生命的无常和有趣;不要被名缰利锁缠绕得喘不过气来,在人生的每一个阶段(少年、青年、壮年、老年期)都专注做好当时的事,好好活在当下;不要过度忧虑明天的风雨路程,相信自有彩虹相伴。从容面对各种磨难与美好,始终保持"莫问人间几多愁,千里云烟一笑收",你便活得既明白又通透了。人生如逆旅,我亦是行人。(宋·苏轼《临江仙·送钱穆父》)在人生道路上,每个人都会历经迷茫,直至年近花甲才算彻底开悟解脱,但我依然珍视生命,热爱生活,感恩所有遇见的人和碰到的事,是他们教会了我如何笑对人生,随缘自适,不惊不喜亦不忧,以优雅的姿态走好脚下的路。

俗话说,月有阴晴圆缺,人有旦夕祸福。遗憾,本是人生的常态。无论有多么正确的选择,多么善解人意的品行,多么执着的努力拼搏,多么追求尽善尽美,终其一生都会留下或多或少的遗憾,古今中外概莫能外。如果看透了看开了,乐观知足地活好自己应有的模样,便是无憾的圆满。本书所罗列的十五个方面的内容,并非人生指南,仅为共同探讨生命旅程中可能会碰到什么问题、应注意点儿什么事项,包括如何应对人生所遇,权当一个过来人的"温馨提示"。

由于本人才疏学浅,经历阅历所限,书中谬误和瑕疵在所难免,敬请各位方家不吝赐教,鄙人将不胜感激。这也许是我出版的最后一本书了。它能顺利与读者见面,除了诚挚感谢多次为书稿把关赐序的张圣洁老师之外,非常感谢老战友老大哥刘连月先生和李主华同志,他们再次伸出援手画插图、题写书名;十分感谢老伴王秋玲女士和家人们的支持,是他们为我写点儿文字主动承担家务。同时,热忱致谢出版社各位朋友的无私帮助和辛劳付出。值此该书付梓之际,谨向他们和所有关注关心此书出版发行的诸位友人及读者朋友敬祝平安顺遂,喜乐安宁!

老牛自知夕阳晚,不须扬鞭自奋蹄。也许我会暂时离开钟爱大半生的文字工作,但仍会一如既往地继续读书,继续思考人生,继续过好平淡朴实的晚年生活,不负生命的给予和曾经的奋斗历程。如果有人让我概括人生的体悟,那便是有方向,有情怀,有使命,有担当。无论外界环境如何变迁,顺境与逆境如何流转,我自岿然不动,终生坚信:人间正道是沧桑。

作者 2024 年 4 月 30 日于京华养心斋